AF329094

STATISTIQUE SCIENTIFIQUE

DU

DÉPARTEMENT D'EURE-ET-LOIR.

SOCIÉTÉ ARCHÉOLOGIQUE

D'EURE-ET-LOIR.

STATISTIQUE SCIENTIFIQUE

BOTANIQUE

Par M. Éd. LEFÈVRE

Membre de la Société Botanique de France.

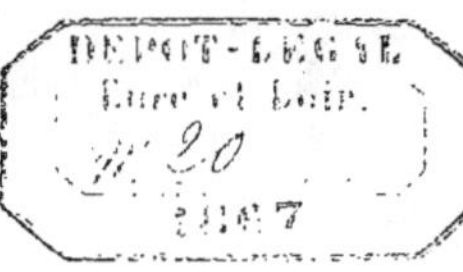

CHARTRES

PETROT-GARNIER, LIBRAIRE

Place des Halles, 16 et 17.

1866

1867

INTRODUCTION

Sous le rapport du climat, le département d'Eure-et-Loir est classé *séquanien*, sous celui de la formation géologique *neustrien*, et ses conditions physiques le rattachent intimement au bassin de Paris. Il occupe deux bassins hydrographiques indiqués par sa dénomination même et que se partagent N. et S. , en superficies sensiblement égales, les versants Seine et Loire. Une ligne géologique, par Chartres et Châteaudun, tracée voisine de la méridienne, laisse à l'E. le calcaire de Beauce, à l'O. les dépôts argilo-sableux tertiaires, et tout au S.-O. le Perche et les formations infra-crétacées.

Le climat et le sol, causes favorables ou contraires à la spontanéité des espèces, ne varient pas assez de Paris à Chartres pour modifier sensiblement les conditions naturelles dans leurs caractères généraux ni dans leurs productions locales; aussi le département trouve-t-il sa *flore* particulière cataloguée presque entière dans celle dite *des Environs de Paris*.

Le centre du bassin parisien, plus varié de constitution géologique, plus accidenté de mouvements de surface, d'eaux, d'ombrages, plus étendu encore, et conséquemment plus riche que son littoral du S.-O. Percheron et Beauceron, donne la série complète, d'où, tenant compte des manquants et des intercalaires, se déduit avec certitude une première base de comparaison statistique.

Sous le rapport du nombre absolu, à prendre pour terme de comparaison la *Flore des environs de Paris* par MM. Cosson et Germain, où, sur une aréa kilométrique de 27,745 sont décrites environ 1,500 espèces, le catalogue d'Eure-et-Loir compte aujourd'hui 1,004 espèces, réparties sur une superficie totale de 5,874 kilom.

Le rapprochement des chiffres indique dans Eure-et-Loir près de 500 absents : ce serait beaucoup sur un terrain de même nature ; cela paraîtra réellement peu, si l'on tient compte des circonstances et de la moindre étendue de l'aréa. Est-ce le dernier mot de la contrée ? En fait d'exploration, il reste toujours à chercher. Depuis longtemps les herborisations des banlieues scientifiques ne laissent plus guère à glaner aux modernes ; elles sont actuellement moins avancées à mesure qu'on s'éloigne du centre, et là surtout, comme à Chartres, où il n'a rien été publié d'entier sur la matière.

Le Catalogue d'Eure-et-Loir, que je me suis décidé à publier, encouragé par les nobles paroles d'un des honorables vice-présidents de la Société botanique de France [1], se résumera, en

---

[1] ..... « Tout le monde peut, dans un cercle étroit, recueillir les » plantes qui croissent au milieu des localités les moins riches en ap- » parence ; tout le monde peut en dresser la liste exacte, et ce sera un » service rendu à la science, car de ces catalogues, si bornés qu'ils » soient, peuvent naître des renseignements utiles et dont certains » savants tirent un grand parti. MM. Alphonse de Candolle, Lecoq et » Puel sauront bien achever, grâce à ces flores locales, la géographie » de la France et poursuivre l'accomplissement du magnifique pro- » gramme que traçait Alexandre de Humboldt aux débuts de ce siècle. » Donc que chacun, dans sa modeste sphère, récolte les plantes qui s'y » développent, que chacun les conserve et indique avec soin le lieu où

définitive, à des faits généraux accidentés d'un petit nombre de points singuliers : ceux-là, produits naturels du climat et du terrain, représentant l'ensemble ou le type commun de la région, ceux-ci dûs souvent au hasard et donnant des particularités plutôt curieuses que caractéristiques.

Le département appartient surtout à la culture des champs et se nivelle en plaines uniformes, où la formation de Beauce domine. C'est pourquoi sa production florale s'y montre spécialement rurale et répond à l'assise calcaire. Ce sont là les corrélations ordinaires des lieux et des choses, des causes et des effets, qui, réparties sur une plus grande étendue, prendraient peut-être des changements de formes, mais ici l'espace manque à la diversité. Aussi ne faut-il point chercher dans le pays chartrain une population indigène nettement accusée par sa figure propre : elle ressemble à celle des pays voisins. Accidentellement de rares étrangers pénètrent par l'E. sur le littoral beauceron ou par l'O. sur le percheron, qui prennent place parmi les natifs sans déranger la loi commune. Mais ces conquêtes sont dues, les unes à la culture qui prépare le terrain et importe la semence, les autres à ces influences reproductrices, à cette raison de continuité qui font que la nature répare incessamment ses pertes.

Les départements ont perdu, quelques-uns du moins, le caractère souvent générique de la province d'autrefois qu'ils ont fractionnée. Chacun, dans le démembrement, a reçu un principal morceau du tout central et pris plus ou moins de pièces aux compléments latéraux. Ainsi Eure-et-Loir, se taillant une plus grande part dans la Beauce orléanaise, s'est arrondi aux dépens d'une bande parisienne et d'un lambeau du Perche. Devenu sous

» il les a trouvées, l'époque de leur floraison ; et à l'aide de ces maté-
» riaux précieux, la science fera des progrès rapides, car c'est la vraie
» base sur laquelle s'appuie l'élément dont elle a surtout besoin. »
(Discours de M. Menière, à la réunion préparatoire de la Société botanique de France à Bordeaux. *Bulletin de la Société botanique de France,* t. VI, p. 521, n° 8, août 1859.)

cette agglomération unité administrative, il lui a manqué l'homogénéité constitutive, et par suite, dans sa flore régionale, il ne saurait prétendre à une flore spéciale. Tout ce qu'on en peut dire de particulier, c'est que son assiette géologique, partie sur le grand dépôt calcaire qui s'étend de Trappes à la Loire, partie sur celui argilo-sableux de Chartres à la région normande, a fait varier, selon la base, l'élément végétal respectif, tout en lui conservant, d'ailleurs, le type commun.

C'est sur ces données, esquissées à grands traits, des divisions naturelles du sol, que se produit le Catalogue botanique du département. — J'ai divisé ce travail en deux parties. — La première intitulée : *Physionomie végétale du département*, renferme des aperçus succincts sur l'hydrographie, l'orographie d'Eure-et-Loir et la distribution présumée des plantes dans chacun de ses quatre arrondissements. Il sera facile de se convaincre combien peu j'ai eu la prétention de présenter un mémoire complet.

L'esprit s'égare facilement en pareille matière et ne peut souvent que signaler les apparences. C'est ce à quoi je me suis particulièrement attaché et les considérations générales auxquelles je me suis livré seront suffisantes, je pense, pour donner une idée nette et précise de la végétation de cette même partie de l'Orléanais dont je me suis occupé.

La deuxième partie de ce travail est affectée spécialement au Catalogue, que j'ai distribué d'après la Flore française de MM. Grenier et Godron. J'ai adopté cette mesure afin qu'il fût plus facile de mettre à leurs places les espèces nouvelles qui pourraient plus tard être découvertes dans le département.

Aujourd'hui je n'ai enregistré dans le Catalogue que ce que j'ai eu sous les yeux tant par mes propres herborisations sur bon nombre de points du territoire, que par les envois qu'ont bien voulu me faire les botanistes avec lesquels je suis en relation.

Toutes les localités que je cite sont authentiques. Je fais suivre chacune d'elles du nom du botaniste qui me l'a signalée : dans ce cas le point ! mis à la suite indique que j'ai la plante dans mon herbier, recueillie à cette localité. Le point ! à la suite d'un nom de lieu, mais sans nom de personne, explique que j'ai découvert moi-même la plante à cette localité.

J'aurais pu grossir le chiffre des espèces en intercalant les plantes les plus vulgaires du domaine de l'agriculture et de l'horticulture. — Mais si l'on admet une espèce cultivée, où sera la limite ?..... J'ai voulu éviter autant que possible ce défaut reproché souvent à divers auteurs, et me suis renfermé dans les espèces sauvages, c'est-à-dire les espèces spontanées.

Après chaque nom latin spécifique je cite le nom de l'auteur et les synonymies importantes; puis, à la suite, le nom vulgaire que porte la plante dans les campagnes, et qui souvent n'est pas le même dans deux arrondissements. J'ai noté autant que j'ai pu ces curieuses différences.

Plusieurs botanistes ont bien voulu être mes guides et mes bienveillants collaborateurs; je suis heureux de leur offrir ici l'expression de ma gratitude et de ma reconnaissance, car sans eux il m'eût été impossible d'entreprendre ce travail.

En première ligne vient se placer M. l'abbé Daenen, aumônier-doyen de la chapelle Saint-Louis à Dreux. Cet homme, aussi savant que modeste, dont nous déplorons la perte récente, est le premier qui, par ses excursions et ses patientes investigations, ait révélé les richesses de la végétation de l'arrondissement de Dreux [1]. A un esprit fin et cultivé, il joignait cette sim-

---

[1] Lorsque je commençai à m'occuper des plantes d'Eure-et-Loir pour en faire l'objet d'une publication, M. Daënen explorait depuis de longues

plicité de mœurs et d'habitudes qui caractérisent les âmes fortement trempées et une aménité de caractère qui lui gagnait les sympathies de tous ceux qui avaient avec lui quelques relations.

Mais l'étude de la botanique sans la science géologique eût été incomplète. Ici vient se placer sous ma plume un nom qui fait autorité en cette matière, celui de M. DE BOISVILLETTE, ingénieur en chef des Ponts-et-Chaussées d'Eure-et-Loir, puis inspecteur-général honoraire, qu'une mort prématurée nous enlevait un mois après le décès de M. l'abbé Daënen. Pendant cinq années que j'ai travaillé sous ses ordres il sut diriger et encourager mes essais et m'initier à ses travaux archéologiques et géologiques qui lui ont fait un nom considérable dans la science : si haut il était placé dans l'estime et l'affection de tous, si utile était son influence, si précieux étaient ses conseils, que le vide causé par son absence est pour tous un malheur de longtemps irréparable.

M. l'abbé BROU, curé d'Oulins, près Anet, collègue et ami de M. l'abbé Daënen, a bien voulu coopérer aussi à mon travail. C'est avec la plus extrême obligeance que ce botaniste s'est plu à me conduire à la récolte des plantes rares qu'il avait découvertes dans le canton d'Anet, ou bien à me récolter amplement bon nombre d'autres espèces qui n'étaient pas encore en état lorsque je fus herboriser avec lui.

années le territoire et plus particulièrement les environs de Dreux, où il résidait. La majeure partie de ses découvertes était déjà consignée dans la *Flore des environs de Paris,* par MM. Cosson et Germain. Mais l'indication *Dreux* suffisante pour une flore de cette étendue ne se trouvait plus assez précise pour un catalogue départemental. C'est pourquoi je pris le parti d'aller récolter moi-même les plantes signalées, muni de renseignements précis, mais le plus souvent conduit par le zélé botaniste du Drouais. Je fus assez heureux pour en retrouver le plus grand nombre et quant à celles qui m'ont échappé, j'ai noté l'indication qui était inscrite sur les étiquettes de son herbier.

Infatigable explorateur autant que botaniste émérite, M. l'abbé
Duteveul parcourut d'abord les environs de Nogent-le-Rotrou,
dont il me communiqua un catalogue fort intéressant. Placé
ensuite à la cure de Varize, il continua d'herboriser avec ardeur
et amour de la science; des découvertes précieuses furent le
fruit de ses intelligentes investigations : aussi, dans le cours du
Catalogue, son nom se trouve-t-il souvent cité et toujours à côté
de plantes rares.

M. Amy, ancien pharmacien, m'a donné la communication
d'excellentes espèces.

M. Marquis, curé de Saint-Denis-les-Ponts, m'a fourni quelques
bons renseignements sur les environs de Châteaudun.

M. Bellamy, jardinier à la Boulidière, eut l'obligeance de
m'adresser de nombreux échantillons de quelques raretés trouvées par lui aux environs de Douy et de la Boulidière.

Enfin, M. Richard, de Chartres, mon excellent ami, a rédigé
un *Catalogue des Mousses* qu'il a récoltées aux environs de
Chartres dans l'espace de cinq années. C'est une bonne fortune
dont je le remercie tout particulièrement. Son travail, pour
lequel je lui communiquai les quelques Mousses que j'avais récoltées dans mes excursions phanérogamiques, sera la première
base pour une *flore muscologique d'Eure-et-Loir*, et pourra certainement devenir utile aux futurs auteurs de la flore crypto-
gamique des environs de Paris.

Présumant peu de mes propres forces, j'ai voulu soumettre
mes déterminations de plantes critiques à la sagacité d'un
maître de la science, M. Cosson, l'un des savants auteurs de la
Flore parisienne, qui eut l'extrême obligeance de mettre à ma
disposition son riche herbier, dont les nombreux types m'ont
permis de revoir et de comparer sûrement toutes les espèces sur
lesquelles j'avais conservé quelque doute. — Que M. Cosson

veuille bien recevoir ici l'expression de ma sincère reconnaissance.

Si, après les explications que je viens de donner et malgré les soins minutieux que j'ai apportés pour mettre ce travail au niveau des exigences de la science actuelle, il s'était glissé quelques erreurs, je prie humblement MM. les botanistes de vouloir bien me les signaler; ils me trouveront toujours prêt à recevoir avec gratitude leurs avis et leurs observations.

E. LEFÈVRE.

Chartres, 1er janvier 1866.

BOTANIQUE

DU

DÉPARTEMENT D'EURE-ET-LOIR.

PREMIÈRE PARTIE [1].

PHYSIONOMIE VÉGÉTALE

DU DÉPARTEMENT.

Si, dans chaque région, le pays prend, de sa formation propre et de son mouvement de sol, sa configuration générique, la végétation de l'enveloppe lui donne aussi des traits particuliers. Rien de mieux tranché, sous deux faces distinctes et concordantes d'ailleurs avec la nature et la culture des lieux, que la physionomie végétale d'Eure-et-Loir.

De tout temps, on a distingué, dans ce département, trois régions distinctes : la *Beauce*, le *Perche*, et cette portion, moins bien définie, autour de Dreux, qui établit la transition avec la Normandie. L'ensemble constitue comme un vaste plateau d'une hauteur moyenne de 145 ᵐ 09 environ au-dessus du niveau de la mer, et sillonné d'une multitude de sous-faîtes ou *thalwegs*. Ces faîtes, peu prononcés dans la Beauce, présentent, dans le Perche, des différences notables d'altitudes, qui, dans plusieurs cas, vont jusqu'à plus de 20 ᵐ.

Ceci ne surprendra pas, si l'on examine un peu attentivement quelle est la nature des vallées d'Eure-et-Loir. — A part les deux principales, celles de l'*Eure* et du *Loir*, toutes les autres vallées,

---

[1] Cette première partie a été rédigée presque entièrement par M. de Boisvillette, d'après les notes que je lui avais communiquées. Je n'ai cru pouvoir mieux faire qu'utiliser l'œuvre de notre si éminent président.

plus ou moins accentuées, qui sont comme les ramifications de ces deux premières, peuvent se distinguer en *vallées sèches* et *vallées humides*. Le relief du sol se ressent alors profondément de cette différence capitale. — En effet, tandis que, dans le Perche, les dépressions ordinaires du terrain ont été continuellement accrues, dans la succession des siècles, par le cours des eaux rendues impétueuses à la saison des pluies ; dans la Beauce, au contraire, les thalwegs ont dû rester sensiblement ce qu'ils étaient à l'origine. Les vallées du Perche sont rapides, brusquement découpées, bordées de versants plus ou moins dénudés ; celles de la Beauce (si, toutefois, on peut donner le nom de vallées aux faibles ondulations que souvent l'œil y saisit à peine), sont à pente douce, aux contours mollement arrondis, aux versants pleins et bombés ; on reconnaît aussitôt que les eaux n'y ont pas eu d'action.

Ces faits généraux s'expliquent par la nature même des terrains. Ainsi, le sol du Perche, habituellement glaiseux ou formé de couches calcaires peu perméables, laisse glisser à sa surface les eaux pluviales, qui, sans pénétrer au dedans, aboutissent aux thalwegs sans aucune déperdition sensible. En outre, les eaux qui ont pu s'infiltrer en quelques points, sont presque toujours retenues à un niveau plus bas par une couche d'argile ou de marne subordonnée au calcaire de la surface : il se forme alors de petits réservoirs qui alimentent les principaux ravins d'une manière continue.

C'est tout le contraire de la Beauce, où le terrain est presque partout formé par des couches d'un calcaire fendillé et éminemment poreux, presque jamais par des couches d'argile. Aussi les eaux pluviales sont-elles absorbées souterrainement avec une grande facilité, ce qui les empêche de s'écouler à la surface. Quant au niveau auquel ces eaux sont arrêtées dans l'intérieur par des couches imperméables, il est généralement inférieur à celui des thalwegs : il en résulte que ceux-ci ne sont qu'exceptionnellement alimentés par ces réservoirs aux issues trop lointaines.

En groupant toutes les lignes de partage des eaux qui s'effectuent d'après ces faîtes et ces thalwegs, il est facile de reconnaître qu'elles se ramènent à deux bassins principaux et que le *Plateau de la Beauce* est le point de passage de cette puissante ligne séparative ou *Grand-Faîte* du bassin *Seine et Loire*.

Par ce contraste singulier d'état et de figure, la Flore d'Eure-et-Loir se trouve naturellement partagée en trois zones correspondantes, Perche forestier à l'O., Beauce arable à l'E., avec interposition nécessaire d'une bande de transition ; chacune, d'ailleurs, avec ses accidents de terrain, d'eaux et de culture.

La Beauce, par sa planimétrie, non moins que par son sous-sol calcaire voisin de la surface, est éminemment et presque exclusivement céréale. La vue s'y perd sur des horizons de champs de blé ; vastes plaines de moissons qui n'ont laissé debout que de rares bouquets de bois et de plus maigres plantations isolées. Les cultures légumineuses y apparaissent rares encore et les labourages incessants laissent peu de place à la végétation spontanée.

A l'O., au contraire, des groupes boisés et des champs clôturés de haies puissantes présentent l'aspect d'une vaste forêt, d'où se détachent çà et là quelques clairières. Avant que le pays s'appelât *Perche*, c'était le domaine de la grande forêt *pertique*, du *Perticus saltus*, dont les derniers débris se reconnaissent encore dans les forêts de Senonches, la Ferté-Vidame, Champrond, etc. Cette zône, qui sent déjà la Normandie, en même temps qu'elle est mieux tranchée que sa correspondante de l'E. dans la nature des dépôts de surface, convient surtout aux végétaux forestiers et aux plantes qui recherchent l'ombre et les terrains frais. La culture des céréales y est moins abondante et, par contre, celle des légumineuses et des racines alimentaires y devient plus suivie.

La bande intermédiaire, puissante assise d'alluvions, participe des deux régions E. et O. Partie boisée, partie arable, selon qu'elle tient de plus près à l'une ou à l'autre, elle comprend principalement le Drouais et le Thimerais, et est assez riche en espèces frontières.

A bien chercher, on trouverait certainement dans chacune de ces régions la collection de ses espèces natives, c'est-à-dire de *l'herbier némoral* d'un côté, *champêtre* de l'autre et *intermédiaire*. Mais les données actuelles ne sont pas encore assez complètes pour permettre d'établir cette distinction et l'on peut dire que, jusqu'à présent, il n'y a été rencontré le plus souvent que ce qui existe ailleurs, toutes proportions gardées, d'une frontière à l'autre, percheronne ou beauceronne. La flore *sylvestre*, par exemple, diffère si peu de sa congénère voisine qu'on per-

drait son temps et sa peine à en signaler rigoureusement
l'écart : il est préférable de dire, sans chercher autrement à les
partager, que les trois bandes régionales d'Eure-et-Loir se
tiennent parallèlement et se fusionnent en nombreux points de
communauté et de contact. C'est d'ailleurs la loi commune, rien,
dans la nature ne procédant par sauts : dans un terrain principalement de plaines et relativement de faible étendue comme
celui d'Eure-et-Loir, la série plus qu'ailleurs suit la marche
ordinaire.

Chaque division naturelle, du reste, sous l'influence plus ou
moins active de données de sol, de pentes, d'eaux, d'ombrages,
de culture, perd ou gagne conséquemment des sujets et se fait
une *flore à part* sans cesser d'appartenir à la flore générale du
pays. Ainsi les vallées et leurs prairies humides, les plateaux et
leurs productions céréales et fourragères, les côteaux vignobles,
arides ou boisés, constituent, dans l'ensemble des conditions
physiques, autant d'éléments subdivisionnaires de stations déterminées.

Pour l'application rationnelle de ces généralités de principe,
sans trop vouloir particulariser l'étude qui souvent s'égare,
comme le caractère distinctif s'efface dans la foule des détails,
je me bornerai à décrire, par une esquisse large, les principales
stations, sans tenir compte étroit des zônes territoriales, ni des
fractions accidentelles de chacune. Je terminerai l'exposé par
des aperçus rapides, sur les *naturalisations* et les *dispersions*
locales.

§ Ier. — STATIONS.

CHAMPS, MOISSONS, VIGNES.

A force de labourer la terre comme cela se pratique dans les
plaines de la Beauce et de l'expurger des *plantæ arvenses*, nom-
mées communément *mauvaises herbes*, il n'y persiste guère que
les plantes, la plupart annuelles et quelques-unes vivaces, de
plus robuste et abondante végétation, qui, nées originairement
du sol, s'y maintiennent obstinément par leurs racines adhé-
rentes et profondes (comme l'*arrhenatherum bulbosum*) ou
plus sûrement par leurs germes reproducteurs (le *muscari co-*

mosum). Car, en même temps que la culture arrache incessamment la plante nuisible, elle prépare à sa graine, par l'amendement du sol, un ensemencement favorable. Aussi voit-on le plus souvent, et quoique fasse le laboureur, des champs d'avoine, par exemple, disparaître sous la *moutarde sauvage*, et des prairies artificielles, sous la *nielle* et le *coquelicot*.

La puissance de concentration, qui résiste à la destruction, caractérise surtout la station, et se montre abondante dans nos champs calcaires, argilo-calcaires et argileux.

Du Perche à la Beauce, de l'O. à l'E., où la formation du sol arable passe de l'argile au calcaire et la surface du terrain se nivelle de côteaux à la plaine, la végétation spontanée doit nécessairement répondre au changement de nature. Mais la transition se manifeste plutôt dans les variations de densité spécifique, que dans l'absence ou l'arrivée d'espèces caractéristiques.

A part quelques cas exceptionnels, la flore rurale reste la même quant aux types et se produit seulement plus ou moins favorable à plusieurs, et contraire à certains autres. Ainsi trèsdenses dans la Beauce, s'éclaircissent dans le Perche, notamment les espèces suivantes : *papaver argemone*, *medigaco apiculata*, *lathyrus aphaca*, *calendula arvensis*, qui y manque complètement, *euphorbia cyparissias*, *muscari comosum*, etc. Par contre, assez communes dans le Perche, manquent, ou à peu près, dans la Beauce : *linaria pelisseriana*, *filago montana*, *lamium incisum*, *ranunculus parviflorus*, *spergularia segetalis*, *lathyrus nissolia*, etc.

La culture dans les vignes se montre plus soigneuse encore que dans les champs à détruire les mauvaises herbes; elle y revient à plusieurs fois par les façons de sarclage, qui ne laissent prise qu'à des sujets tenaces et persistants. Les terrains vignobles, d'un autre côté, occupent presqu'exclusivement les pentes abruptes et crayeuses des côteaux de l'Eure et du Loir, où l'aridité naturelle du sol, jointe à l'action solaire, dessèche vite la jeune plante à peine sortie d'un reste de racine ancienne ou d'un germe nouveau de semence. Aussi le catalogue spécial ne se produit-il pas nombreux, et comporte-t-il une foule de points communs avec les terres arables et les cultures voisines. Notons cependant comme spécialités le *muscari racemosum* et l'*allium paniculatum*, qui envahissent les vignes des environs de

Chartres et qui n'ont encore été rencontrés dans aucune autre partie du département.

BOIS, FORÊTS, HAIES, BUISSONS.

La station des bois et forêts tient la transition entre le Perche et le Gâtinais, non sans de nombreux souvenirs de ces régions naturelles, qui, primitivement, représentaient l'une à l'O., l'autre à l'E., une vaste forêt.

Centre de l'ancienne cité Carnute de forestière mémoire, le département est encore entouré aujourd'hui d'une ceinture boisée, plus ou moins coupée d'éclaircies, mais facile à ressouder de proche en proche par des massifs que l'on trouve authentiquement inscrits aux capitulaires et chartes des IXe et Xe siècles. Tels sont : à l'O., les prolongements de la grande forêt Pertique *(Perticus saltus)*; au N. la forêt de Dreux *(Crotensis)*; en tournant à l'E., la forêt de Rambouillet ou d'Yveline *(Æqualina sylva)*; puis la forêt d'Orléans *(Lodya sylva)*, séparative du Gâtinais au S.-E., et la forêt longue ou de Marchenoir *(Sylva longa)*, fermant le périmètre tout au S.

La région forestière actuelle se masse presqu'en entière à l'O., où les principaux groupes occupent en superficie : Senonches, 8,000 hect., Dreux, 3,380 hect., Châteauneuf, 1,570 hect., Champrond-Montireau, 1,850 hect., Bailleau près Chartres, 700 hect., au total 15,500 hectares, indépendamment de 29,000 hectares de bois taillis, disséminés sur tous les points, mais plus serrés du N.-O. au S.-O. du département.

La flore spéciale n'y compte guère que les représentants habituels, subordonnés à la nature et à la position du sol; celui-ci, principalement argileux et plutôt froid que sec dans les forêts, varie de l'aridité des côteaux à l'humidité des vallées pour les taillis et les plantations isolées.

Parmi les arbres, les résineux manquent ou n'apparaissent que comme importation particulière de culture. Le chêne domine et vient partout avec le charme et le bouleau, essences des massifs principaux. Le hêtre pousse seulement à Senonches; le châtaignier n'a que quelques représentants aux environs d'Anet et de Nogent-le-Rotrou, le frêne se rencontre accidentellement dans l'ombre des taillis. Les bordures humides sont généralement plantées de peupliers et de saules, les prairies d'aulnes, et les champs, surtout vers l'O., d'arbres fruitiers.

La forêt de Dreux, partie en pentes escarpées sous-crayeuses, partie en plaine sur l'affleurement de l'argile plastique, est surtout riche en espèces dues à ces deux états et résume presqu'à elle seule la flore sylvestre du département.

La forêt de Châteauneuf, moins accidentée, renferme quelques bonnes espèces, entr'autres plusieurs stations de l'*isopyrum thalictroides* et d'*oxalis acctosella*.

Celle de Senonches, entrecoupée de nombreux étangs, la plupart à fond tourbeux, se distingue surtout par ses espèces palustres. Suivant la loi ordinaire de la végétation arborée qui consiste à se modifier sous l'influence des conditions locales de climat et de sol, cette forêt garde une physionomie toute normande. Les massifs voisins se couvrent de puissantes futaies favorisées par un sous-sol argilo-sableux, tandis que les maigres taillis des environs de Chartres sont étiolés par l'infertilité de l'assise calcaire.

Ce n'est que dans les bois du Perche que l'on trouve assez abondamment les *convallaria maialis*, *asperula odorata*, et *paris quadrifolia*, très-rares partout ailleurs.

Tout en participant de la flore némorale et parfois aussi de celle rudérale, les plantes des haies et des buissons, *herbæ sepincolæ*, comme les appelaient les anciens auteurs, se distinguent par des sujets propres. Les haies du Perche, par leur ampleur et leur essence forestière, ont toute l'importance souvent d'un petit bois. Constituées le plus souvent par le coudrier et quantité de *rosa* et de *rubus*, elles sont bien différentes de celles de la plaine, ordinairement formées par les *cratægus oxyacantha* et *prunus spinosa*. Les premiers se couvrent plus particulièrement de *clematis vitalba* et de *tamus communis*, les autres de *bryone* et de *houblon*.

PRAIRIES, MARAIS, ÉTANGS.

Dans le département d'Eure-et-Loir, les prairies naturelles bordent généralement le cours des rivières de l'une à l'autre rive des vallées principales; elles y forment à proprement parler les *prés*. En s'approchant du Perche, elles occupent aussi le fond des plis de terrain sans eau courante et constituent ce qu'on appelle les *noues*. Très-accidentellement elles se tiennent sur la pente des côteaux, déterminées par quelqu'affleurement de sources. Les meilleurs prés sont à deux *herbes* ou deux récoltes, les moyens n'en donnent qu'une de printemps, les inférieurs sont de simples pâturages.

Les vallées de l'Eure et du Loir donnent de belles prairies bien assainies, souvent bordées et parfois couvertes de plantations de bois blancs ; il en est de même de leurs principaux tributaires, l'Avre et la Blaise sur la première, l'Ozanne et l'Yerre sur la seconde, avec leurs branches diverses. Trois vallées secondaires, sont marécageuses : la Voise qui verse à l'Eure à Maintenon, la Conie au Loir près Marboué et l'Aigre au-dessous de Cloyes. Sur le versant percheron de l'O., l'Huisne offre un spécimen des beaux herbages normands, et les nombreux ruisseaux qui s'y jettent arrosent des bandes de prés plus ou moins étendues.

Dans cette distribution naturelle des eaux courantes, donnée première des prairies du pays, la végétation spontanée se tient assez uniforme d'un bassin à l'autre, toute proportion gardée du plus ou moins d'humidité du sol. Ainsi la *botte de foin* de Chartres ou Dreux diffère peu, quant aux espèces constitutives, de celle de Châteaudun ou Nogent. Assurément l'analyse rigoureuse y trouverait des variations d'espèces, mais tenant plus peut-être à l'état propre qu'à la position géographique. Du reste les prés, les noues et les pâtures ne diffèrent que par la préférence des espèces selon le degré d'humidité, et la définition caractéristique de chaque prairie doit être cherchée plutôt dans la concentration des sujets spéciaux que dans la variété ou la dispersion des espèces.

Si la prairie devient *marais*, la flore se modifie beaucoup dans ses productions spontanées. Les trois vallées, de Voise, Conie, Aigre, sont dans Eure-et-Loir les représentants principaux de cet état. Leurs dépôts, plutôt limoneux que tourbeux, ne renferment qu'accidentellement assez de débris de végétaux pour fournir du combustible. On y trouve la plupart des plantes spéciales telles que *joncs, roseaux, sparganium, typha, carex,* etc., qui y poussent avec vigueur. Nulle apparence d'ailleurs de *sphagnum*, caractéristique des tourbes. *L'arundo phragmites* forme, notamment dans la Conie, ce qu'on appelle les *rouches*, malière très-employée pour les couvertures rurales du pays et dont l'équivalent anglais *rusch* rappellerait une dérivation celtique.

En toutes ces circonstances du reste, rien de véritablement topique ni d'assez saillant pour déterminer une concentration ou naturalisation certaines. Les prairies humides produisent de préférence des *cypéracées, joncées, équisétacées,* etc., comme les prairies saines et les pâturages des *graminées, légumineuses, labiées* et autres, chacune dans sa nature constitutive

Les eaux courantes présentent des caractères analogues de généralité. Le Loir à fond vaseux, l'Eure à lit plus sableux renferment dans leurs eaux la plupart des espèces ordinaires, submergées ou flottantes, dont cherchent incessamment à les débarrasser les faucardements et les curages. Toutefois, si l'on voulait caractériser l'une et l'autre de ces deux rivières, le Loir se distinguerait par la présence du *nymphæa alba*, et l'Eure par celle du *nuphar lutea*.

Les étangs disparaissent chaque jour, envahis et desséchés par la culture. L'un des plus riches, celui du Gallas près Courtalain, où M. l'abbé Daënen avait trouvé bon nombre d'espèces intéressantes, dont les échantillons authentiques existent dans son herbier, n'est plus aujourd'hui qu'une prairie ordinaire ou un champ labouré. De même les étangs de la Loupe qui se prolongeaient sur près de 3 kilomètres et une foule d'autres dans la région analogue; de même encore le grand étang beauceron de Verdes, à l'origine de notre rivière d'Aigre Encore quelques années et la flore des étangs n'existera plus chez nous.

Aussi faut-il se hâter d'en explorer les quelques représentants qui subsistent encore, et qui sont tous ou à peu près confinés dans la région du Perche. Parmi les plus riches on doit citer en première ligne l'étang de Tardais, situé à quelques kilomètres de Senonches sur le bord de la route départementale n° 15. Les alentours de cette grande et belle nappe d'eau sont à fond tourbeux où gisent d'immenses touffes de *sphagnum acutifolium* et *cymbifolium* et des bruyères exclusivement formées d'*erica tetralix*. C'est là qu'on trouve véritablement le type des végétations marécageuses du pays.

Le marais des Evées, également voisin de Senonches, et à la naissance duquel existe encore la fameuse Butte des Sarrazins, n'est pas moins intéressant. Il occupe le vaste espace compris entre l'établissement de bains d'eaux ferrugineuses et la forêt de Senonches. Son sol tourbeux, et sans doute très-ancien à en juger par des arbres tout entiers enfouis dans la tourbe, rappelle assez bien le marais des Planets, entre Saint-Léger et Poigny dans la forêt de Rambouillet.

Notons également les étangs de Thiron, dans l'arrondissement de Nogent-le-Rotrou, et ceux de Villebon, à deux lieues de Courville, dans l'arrondissement de Chartres.

L'étang de Guipereux, situé à quelques kilomètres d'Epernon mais sur le territoire du département de Seine-et-Oise, est identique avec celui de Tardais, et a dû très-certainement dans le principe appartenir à notre département.

Citons encore les tourbières en voie d'exploitation sises dans l'arrondissement de Chartres sur le cours de la Voise entre Béville-le-Comte et Roinville-sous-Auneau, qui peuvent être prises comme type régional et fournissent d'assez bonnes espèces.

Pour compléter cette esquisse sommaire, on peut y assimiler les productions des eaux stagnantes au pied des terrasses de la rivière de Louis XIV vers Berchères-la-Maingot, un peu en deçà du grand aqueduc de Maintenon. Dans les fouilles pratiquées pour l'emprunt du remblai, existent quelques raretés parmi lesquelles : *helosciadium inundatum, alisma ranunculoides, sparganium minimum, pilularia globulifera, potamogeton heterophyllum* et surtout le rare *myriophyllum alterniflorum.*

LIEUX INCULTES, CÔTEAUX, BORDS DES CHEMINS, VIEUX MURS, etc.

Les défrichements et la culture ont laissé peu de place aux terrains en friche ; mais là aussi la flore se maintient dans sa position native et son espèce caractéristique. Elle y trouve un élément destructeur dans le pacage des moutons, nonobstant lequel elle persiste, si ce n'est toujours dans son développement total, du moins dans sa reproduction successive.

Les berges crayeuses de l'Eure inférieure rappellent, de formation et d'aspect, les falaises de la Seine, et, par conséquence naturelle, se sont peuplées de la plupart des indigènes de la vallée principale : les côteaux de Dreux, Fermaincourt, Anet, en offrent notamment de bons spécimens.

Aux bords des chemins, sur leurs talus en creux ou en relief.

la flore champêtre, comme partout ailleurs, déborde et amène certains de ses représentants qui semblent s'y concentrer. Il serait difficile, on le comprend, de spécialiser l'habitat, variable nécessairement comme le chemin lui-même tantôt creux, tantôt en plaine, parfois saillant et aussi varié de sol que d'assiette. Les chemins du Perche affectent particulièrement la première forme ; fouillés par les eaux, bordés de haies épaisses, ils sont accompagnés de talus humides et ombragés qui leur donnent une physionomie propre. Ceux de Beauce, au contraire, de niveau avec les champs, sont labourés comme eux chaque année sans distinction et ne conservent rien qui leur soit particulier.

Les toits de chaume, fort en usage encore dans la Beauce, ont aussi leur spécialité, restreinte à des espèces de floraison et de fructification assez précoces pour que la tige échappe à la sécheresse de l'été et la racine au défaut de nourriture.

Pris comme spécimen d'anciennes constructions de gros murs et de décombres accumulées, le château de Dreux se caractérise par : *centranthus ruber*, *eruca sativa*, *isatis tinctoria*, *rubia tinctorum* et *peregrina*, *salvia sclarea* et *verbenaca*, *sisymbrium irio*, etc,

Enfin, dans l'ordre des grands édifices, la cathédrale de Chartres, malgré tous les soins mis à la débarrasser des herbes envahissantes et la reconstruction partielle de ses faces de pierres de taille, conserve avec persistance : *galium anglicum*, *pyrethrum leucanthemum*, *echium vulgare*, *cheiranthus cheiri*, *antirrhinum majus*, *linaria minor*, *alsine tenuifolia*, etc.

§ 2. — NATURALISATIONS.

En même temps que la culture cherche à purger le sol d'une foule d'herbes natives, elle importe communément ou accidentellement ses espèces propres, qui ne tardent pas à se naturaliser au point même que, pour certaines, les céréales par exemple, la patrie d'origine est aujourd'hui inconnue, celle d'adoption étant un peu partout.

Eure-et-Loir appartient généralement à ce qu'on appelle la *grande culture*, et s'adonne particulièrement à la production céréale. Le froment, le seigle, l'orge, l'avoine y alternent avec les plantes fourragères, sainfoin, luzerne, trèfle et autres. Quelques légumineuses pour l'alimentation et parmi les oléagineuses, le colza, apparaissent aussi en plein champ.

L'assolement agricole varie peu dans sa période triennale : le blé prend ordinairement un tiers, dit saison d'hiver, l'avoine et l'orge semées en mars un second tiers, les fourrages, légumes et autres occupent le complément arable.

La vigne qui s'arrête généralement au 49° aux environs de Paris, a des représentants sur les côteaux à sous-sol crayeux du Loir, à Cloyes, Châteaudun et jusqu'à Bonneval, et sur ceux de l'Eure à Chartres, Maintenon, Dreux, limités par une ligne médiane et voisine de la méridienne. Vers l'O., où le climat et le terrain cessent à la fois de lui être favorables, elle n'est plus cultivée qu'accidentellement dans les jardins.

Les diverses cultures, blés, vignes, prés, bois, se partagent la superficie du département dans la proportion suivante :

Terres arables, vignes.	4,701
Bois, forêts	632
Prairies, pâtures, eaux	223
Chemins, terrains vagues, bâtis, etc	318
Aréa totale kilométrique	5,874

A la prédominance notable des champs répond nécessairement celle des plantes natives ou acquises de la station, caractérisée plus en apparence par la quantité absolue que par la variété relative.

Si la culture agit surtout comme moyen d'élimination des mauvaises herbes, elle aide parfois aussi à l'acclimatation de certaines espèces venues d'une autre contrée. C'est vraisemblablement ainsi, avec des graines de luzernes du Midi ou d'Italie, qu'a été importé le *veronica Buxbaumii,* dont le lieu de concentration, voisin de Chartres, semble partir du Grand-Séminaire de Saint-Cheron, où les champs en foisonnent, et l'îlot de dispersion s'étendre jusqu'à Oisème entre le Champ de manœuvre et le bois traversé par le chemin de Coltainville, pour de là se porter à Fontaine-Bouillant dans la vallée de l'Eure et s'arrêter vers la ligne du chemin de fer.

Le *lolium Italicum,* qui paraît de même provenance, habite les luzernes de Luisant et de Seresville à l'O. de Chartres.

Dans les vignes autour de l'église de Luisant, se rencontre avec persistance le *lunaria biennis*, échappé des jardins.

Le *solidago canadensis*, très-généralement cultivé dans les parterres, a pris possession des terres incultes de Fontaine-Bouillant à l'angle du chemin de la Mihoue près le chemin de fer au N. de Chartres.

L'althœa officinalis et le *calendula officinalis* sont venus s'implanter aux environs de Gallardon non loin de Montlouet au bas du plateau des Cuillières.

Dans le bois Yon au-dessus de Dreux, le *vicia serratifolia*, d'origine méridionale, et que l'on présume avoir été semé en cet endroit par Marquis, le savant collaborateur de Loiseleur de Longchamps, est là en compagnie du *scutellaria columnœ*, qui s'étend vers la forêt de Dreux et qui pourrait avoir la même origine.

Enfin sur les murs et décombres du château de Dreux et aux environs dans les champs et les haies on trouve en abondance : *isatis tinctoria, centranthus ruber, papaver somniferum, rosa eglanteria*, et un peu partout dans le département, sur les vieux édifices, *antirrhinum majus*, certainement échappé des jardins.

§ 3. — DISPERSION.

Rien de plus fugitif, de plus effacé même, on le comprend d'avance, que la trace des zônes florales, sur un terrain voisin de l'uniformité en toutes choses comme celui du plateau de la Beauce, incessamment fouillé et sarclé en outre par la culture, où tout conspire à amoindrir la série. Quelques points de repère se montrent cependant du côté du Perche, mieux découpé, arrosé et abrité ; d'autres çà et là surgissent dans les vallées humides et le long des berges incultes. Sans trop prétendre à particulariser la présence des témoins d'une dispersion plus ou moins certaine, le catalogue botanique du pays ne serait pas complet si je n'avais cherché à indiquer du moins les apparences.

Ce n'est pas à la station des champs et moissons, où tout ce qui n'est pas culture est impitoyablement arraché, qu'il faut demander des points singuliers : cependant on peut y signaler *l'euphorbia falcata*, qui, s'avançant au-delà de Pithiviers et d'Etampes, pénètre par l'E. jusqu'à Janville, où il habite les moissons maigres et le bord des champs.

A l'inverse le *calendula arvensis*, largement distribué dans la plaine du faîte, s'éclaircit à mesure qu'il descend vers la Loire, et n'a pas encore été signalé aux environs de Nogent-le-Rotrou. Le *primula variabilis* remonte du centre de la France jusque vers Nogent-le-Rotrou : l'*anthriscus sylvestris*, au contraire, si abondant autour de Chartres, y fait défaut.

Le *carduus tenuiflorus*, qui manque complètement à l'E. de la Loire, suivant le savant auteur de la Flore du centre, paraît avoir un point de centre dans le département où il abonde et affectionne les terrains calcaires.

Les vignes des environs de Chartres foisonnent de *muscari racemosum* [1], nul ailleurs dans le département, et les côteaux voisins se couvrent d'*allium paniculatum*, originaire du centre de la France, qui manque à la flore parisienne et ne paraît pas remonter au N. plus haut que Fermaincourt près Dreux.

Je signalerai encore, à Saint-Prest, en montant à la Sablière, le *cystopteris fragilis*, dont l'unique habitat coïncide avec le gisement, unique aussi, d'un riche dépôt fossilifère de la période pliocène.

Dans la station forestière, les deux *daphne laureola* et *Mezereum* ne se trouvent qu'à l'O. de Chartres, et le dernier surtout, nombreux en Normandie et dans le Perche, ne paraît guère descendre plus bas dans Eure-et-Loir que les bois du Mesnil-Simon près Anet.

L'*orobus vernus*, commun dans les parties montagneuses du centre de la France, végète dans les bois de la Roche et de Saint-Martin entre Douy et Châteaudun.

Parmi les éricinées, les *erica cinerea* et *calluna vulgaris* sont des plus communs partout, et l'*erica scoparia*, qui abonde dans la Sologne Orléanaise, a passé la Loire pour venir habiter les bruyères du bois de l'Aumône sur le haut de la berge gauche du Loir entre Châteaudun et Cloyes, seule localité du département où on le trouve.

[1] Une chose qui m'a toujours paru fort curieuse (m'écrivait M. l'abbé Daënen) est l'extrême abondance du *muscari racemosum* dans les vignes autour de Chartres. Malgré mes recherches, je n'ai pu parvenir à le rencontrer ailleurs dans notre département et c'est peut-être la seule plante de votre arrondissement qui n'existe pas aux environs de Dreux.

Le côteau d'Estrée, produit seul le *rumex scutatus*, d'habitude montagnarde, qui pousse entre les fentes des pierres crayeuses.

Le *diplotaxis tenuifolia*, si commun aux environs de Paris, devient très-rare dans Eure-et-Loir, et n'a encore été rencontré qu'aux environs de Varize, près Châteaudun.

Le *lathyrus sphæricus*, assez répandu dans le centre de la France, franchit aussi la Loire et habite les environs de Varize.

Le *lepidium heterophyllum*, espèce commune dans l'O., ne va guère chez nous plus loin que Belhomert et Chétiveau aux portes de Chartres.

Les haies du Perche renferment le *rosa villosa* des régions montagneuses, et les hauteurs voisines exclusivement le *lamium incisum*, qui arrive par l'O. et paraît s'arrêter aux environs de Nogent-le-Rotrou, où, dans la prairie même de la ville, croît en abondance le *cardamine hirsuta*, nul ailleurs.

La vallée de l'Avre, sous le hameau d'Estrée, produit seule le *trifolium elegans*, et les lieux marécageux des environs de Châteaudun l'*isnardia palustris*, rares l'un et l'autre au N. et communs dans le centre de la France.

Enfin le *plantago carinata* (Schrad) habite en grande abondance les friches rases des berges de la vallée du Loir qu'il ne franchit guère, si ce n'est en quelques points de celles de l'Eure près Courville, et le *potamogeton rufescens*, que l'on trouve au Moulin-le-Comte près Chartres, mais plus nombreux dans les vallées de l'Avre et de la Blaise, semble borner à cette frontière sa marche vers le N.

Ces points de repère et la plupart des analogues devraient, sans doute, pour délimiter sûrement les zônes de dispersion phytostatiques, s'appuyer d'un groupe d'observations comparatives plus rigoureux que les données éparses d'une esquisse sommaire. Mais ce serait là le travail d'ensemble de la région et du climat *séquanien*, ou du N. O., plus que de la fraction départementale prise isolément. Le but ici a été d'apporter une branche au faisceau, et si le catalogue d'Eure-et-Loir n'est pas plus riche en particularités, il aura du moins le mérite de la vérité dans les faits.

EXPLICATION DES SIGNES ET ABRÉVIATIONS.

①	signifie	plante annuelle.
②	—	— bisannuelle.
♃	—	— vivace herbacée.
♄	—	— vivace ligneuse.
C.	—	— commune.
AC.	—	— assez commune.
CC.	—	— très-commune.
R.	—	— rare.
AR.	—	— assez rare.
RR.	—	— très-rare.
Noms pop.	—	Noms populaires.
!	—	point de certitude.
?	—	point de doute.
Herb.	—	Herbier.

DEUXIÈME PARTIE

CATALOGUE DES PLANTES

DU DÉPARTEMENT.

PLANTES VASCULAIRES.

1.

EXOGÈNES ou DICOTYLÉDONÉES.

Classe Iʳᵉ. — THALAMIFLORES.

Famille des RENONCULACÉES.

CLEMATIS, Clématite.

Clematis vitalba (Linn.), *Clématite des haies.*

Nom pop. : *Clématite, Herbe aux gueux.*
CC. — Haies, buissons. — Juillet, septembre. — ♄.

THALICTRUM, Pigamon.

Thalictrum flavum (Linn.), *Pigamon jaune.*

RR. — Prairies spongieuses. — Juin, juillet. — ♃.

Arrond. de Dreux : Oulins ! Boncourt ! (Brou).
Env. de Châteaudun (Marquis).

ANEMONE, Anémone.

ANEMONE PULSATILLA (Linn.), *Anémone pulsatille.*

Noms pop. : *Coqueret, Coquelourde.*
AR. — Côteaux calcaires. — Avril, juin. — ♃.
Arrond. de Chartres : entre Pierres et Nogent-le-Roi !
Arrond. de Dreux : côtes de Montreuil et de Fermaincourt ! — Garenne d'Hector, près Boncourt ! Oulins ! (Brou).

ANEMONE NEMOROSA (Linn.), *Anémone des bois.*

Nom pop. : *Sylvie.*
CC. — Bois, taillis, lieux herbeux ombragés.
Mars, avril. — ♃.

ANEMONE RANUNCULOIDES (Linn.), *Anémone renoncule.*

Nom pop. : *Fausse renoncule.*
RR. — Lieux frais, pelouses herbeuses. — ♃.
Abondant sur les pelouses de la terrasse de l'évêché à Chartres !
Arrond. de Châteaudun : Lanneray (Brou).

L'ANEMONE HEPATICA (Linn.), vulgairement *Herbe de la Trinité*, qui n'a pas encore été observé à ma connaissance dans Eure-et-Loir, se trouvera peut-être dans les forêts de Senonches et de la Ferté-Vidame ; il abonde non loin de ces localités dans la forêt d'Argentan (Orne), d'où j'en ai reçu de nombreux exemplaires de M. Duhamel.

ADONIS, Adonide.

ADONIS AUTUMNALIS (Linn.), *Adonide d'automne.*

Nom pop. : *Goutte de sang.*
RR. — Moissons maigres des terrains calcaires.
Juin, août. — ①.
Arrond. de Chartres : Gouillons !
Arrond. de Châteaudun : Varize ! (Duteyeul).

ADONIS ÆSTIVALIS (Linn.), *Adonide d'été.*

R. — Moissons, champs, surtout des terres calcaires.
Mai, juillet. — ☉.
Arrond. de Chartres : Gouillons !
Arrond. de Dreux : Tréon ! (Daënen). Oulins ! (Brou).
Arrond. de Châteaudun : Varize ! (Duteyeul). Orgères !

β *Flava.* — Fleurs d'un jaune paille et plus petites que
celles du type. — RR. — Oulins !

J'ai trouvé cette variété dans un paquet d'*A. æstivalis,* type
envoyé vivant par M. l'abbé Brou.

ADONIS FLAMMEA (Jacquin), *Adonide enflammée.*

RR. — Champs calcaires arides. — Juillet. ☉.
Arrond. de Châteaudun : entre Dancy et Villiers-Saint-Orien !
entre Jallans et Varize ! (Duteyeul).
Env. de Dreux (Daënen, herb.! sans autre indication plus
précise).

β *Incisa.* — Pétales 3-5, très-inégaux et profondément in-
cisés. — RR. — Dancy près Châteaudun ! (Duteyeul).

An var. β *anomala* (*A. anomala* Wallr.) des auteurs de la
Flore de France?

Les *Adonis* paraissent manquer dans l'arrondissement de Nogent-le-
Rotrou : du moins il n'est pas venu à ma connaissance qu'on y en ait
jamais rencontré. Ceci pourrait d'ailleurs s'expliquer par l'absence des
terrains crayeux que ces plantes affectionnent plus particulièrement.

MYOSURUS, Ratoncule.

MYOSURUS MINIMUS (Linn.), *Ratoncule naine.*

Noms pop. : *Queue de rat, Queue de souris.*

CC. — Champs argileux ou sablonneux humides, murs de
chaume. — Avril, juin. — ☉.

RANUNCULUS, Renoncule.

RANUNCULUS HEDERACEUS (Linn.), *Renoncule à feuilles de lierre.*

RR. — Mares desséchées, fossés des marais tourbeux.
Mai, août. — ♃.

Arrond. de Dreux : fossés et rigoles de l'étang de Tardais !
marais des Evées près Senonches !

Arrond. de Nogent - le - Rotrou : Coudreceau ! les Etilleux !
(Duteyeul).

RANUNCULUS CONFUSUS (Grenier et Godron), *Renoncule con-*
fondue.

RR. — Eaux stagnantes.

Arrond. de Chartres : mares de l'aqueduc de Louis XIV à
Dallonville près Bailleau-l'Evêque, croissant parmi le *Ranun-*
culus aquatilis. — Juin, juillet. — ♃.

> β *Terrestris.* — Plante croissant sur le bord des mêmes
> mares dans les endroits d'où l'eau s'est retirée.

RANUNCULUS AQUATILIS (Linn.), *Renoncule aquatique.*

Noms pop. : *Grenouillette, Traînasse de rivière.*

Ces appellations sont indistinctement appliquées aux *Ranun-*
culus trichophyllus, divaricatus et *fluitans.*

> α *Fluitans.* — Feuilles supérieures flottantes, orbiculaires;
> les inférieures divisées en lanière. — Juin, août.
>> CC. — Mares, fossés, eaux tranquilles. — ♃
> β *Submersus.* — Plante entièrement submergée, feuilles
> toutes divisées en lanières molles et fines.
>> C. — Eaux stagnantes, étangs.
> γ *Terrestris.* — Plante à feuilles ordinairement toutes divi-
> sées en lanières courtes et épaisses, croissant hors de
> l'eau.
>> CC. — Endroits récemment desséchés aux bords des
> mares et des étangs.

RANUNCULUS TRICHOPHYLLUS (Chaix), *Renoncule capillaire.*
AC. — Mares, fossés, ruisseaux. — Mai, septembre. — ♃.

RANUNCULUS DIVARICATUS (Schrank), *Renoncule divariquée.*
AC. — Mares, fossés, eaux tranquilles. — Juin, juillet. — ♃.

RANUNCULUS FLUITANS (Lamark), *Renoncule flottante.*
C. — Ruisseaux, rivières, eaux courantes. — Juin, août. — ♃.

Ranunculus lingua (Linn.), *Renoncule langue*.

Nom pop. : *Grande Douve*.

AR. — Marais tourbeux, bords des étangs.
Juin, juillet. — ♃.

Arrond. de Dreux : Cherisy ! la Vesgre ! Tardais ! Senonches !
Arrond. de Châteaudun : Cormainville ! Lit de la Conie ! Varize ! Conie ! (Duteyeul). — Montigny-le-Gannelon ! la Ferté-Villeneuil dans l'Aigre !

Assez abondant dans les marais de l'étang de Guiperreux (Seine-et-Oise) sur les limites d'Eure-et-Loir !

Ranunculus flammula (Linn.), *Renoncule flammette*.

Nom pop. : *Petite Douve*.

C. — Lieux humides, fossés, marécages.
Juin, septembre. — ♃.

β *Reptans*. — Tige grèle, radicante.

CC. — Fossés asséchés.

Ranunculus auricomus (Linn.), *Renoncule tête-d'or*.

Nom pop. : *Tête-d'or*.

CC. — Bois, taillis, lieux herbeux ombragés.
Avril, mai. — ♃.

Ranunculus acris (Linn.), *Renoncule âcre*.

Noms pop. : *Bassinet, Bassin d'or*.

CC. — Prairies, pâturages. — Mai, juin. — ♃.

β *Steveni*. — Plante très-velue à poils roussâtres, feuilles grandes à angles se recouvrant par leurs bords.

C. — Çà et là avec le type.

Ranunculus repens (Linn.), *Renoncule rampante*.

Noms pop. : *Piépou, Pied de poule*.

CC. — Partout dans les champs, les vignes, les prés, les jardins, les bois, etc. — Avril, octobre. — ♃.

β *Erectus*. — Plante redressée, haute de 2-3 déc., beaucoup plus robuste dans toutes ses parties.

AC. — Lieux humides ombragés, abondant surtout sur les talus ombragés de la promenade des Charbonniers, à Chartres.

RANUNCULUS BULBOSUS (Linn.), *Renoncule bulbeuse.*

Noms pop.: *Rave de Saint-Antoine, Pied de corbin, Pied de coq.*

CC. — Prairies, bord des chemins, lisière des bois, pelouses sèches. — Mai, juin. — ♃.

s-v. Parvulus. — Plante plus petite dans toutes ses parties, croissant assez fréquemment sur les collines sèches.

RANUNCULUS CHÆROPHYLLOS (Linn.), *Renoncule à feuilles de cerfeuil.*

R. Pelouses sèches, bords des chemins. — Mai, juin. — ♃.

Arrond. de Chartres : Dallonville près Bailleau-l'Évêque ! Saint-Aubin-des-Bois ! Illiers ! Epernon (Coss. et Germ., fl. par.)

Arrond. de Dreux : La Gadelière (Daënen, herb. !). — Dreux (Brébisson, fl. norm.)

Arrond. de Châteaudun : Lanneray ! (Daënen, herb. !). — La Boulidière ! (Bellamy). — Varize ! (Duteyeul) Conie ! — Châteaudun (Kralik in Boreau, fl. cent.).

Parmi les exemplaires que j'ai récoltés à Dallonville, j'ai rencontré une forme à tige rameuse, à capitules plus allongés, à poils du bas de la tige et des pétioles très-apprimés, les autres étalés. — An *R. chærophylloïdes,* Jordan?

RANUNCULUS PHILONOTIS (Ehrart), *Renoncule des mares.*

C. — Champs humides, mares desséchées des bois, fossés asséchés. — Mai, septembre. — ①.

RANUNCULUS PARVIFLORUS (Linn.), *Renoncule à petites fleurs.*

RR. — Bords des chemins sablonneux. — Mai, juin. — ①.

Arrond. de Nogent-le-Rotrou : Entre Nogent et Condeau ! (Duteyeul).

Condé-sur-Huisne (Orne) !

RANUNCULUS ARVENSIS (Linn.), *Renoncule des champs.*

CC. — Champs, moissons. — Mai, juillet. — ①.

Ranunculus sceleratus (Linn.), *Renoncule scélérate.*

CC. — Lieux marécageux, fossés, bords des mares et des flaques d'eau. — Mai, août. — ①.

FICARIA, Ficaire.

Ficaria ranunculoides (Mœnch), *Ficaire renoncule.*

Noms pop. : *Herbe au fic, Petite chélidoine, Ficaire.*

CC. — Prairies, bois humides, buissons ombragés. Avril, mai. — ♃.

s-v. *Bulbifera.* — Fleurs avortées, feuilles portant à leur aisselle de petites bulbilles subglobuleuses.

AC. — Çà et là avec le type, mais plus particulière-ment dans les lieux ombragés très-humides.

CALTHA, Populage.

Caltha palustris (Linn.), *Populage des marais.*

Noms pop. : *Populage, Souci d'eau.*

CC. — Bords des fossés, prairies humides, marécages, lieux fangeux. — Avril, mai. — ♃.

HELLEBORUS, Hellébore.

Helleborus foetidus (Linn.), *Hellébore fétide.*

Nom pop. : *Pied de griffon.*

AC. — Côteaux calcaires, lieux pierreux, endroits découverts des bois montueux et secs. — Février, mars. — ♃.

Dreux ! Maintenon ! Saint-Piat ! Montigny-le-Gannelon ! Saint-Jean-Pierre-Fixte ! etc.

Helleborus viridis (Linn.), *Hellébore vert*

Nom pop. : *Herbe à sétons.*

RR. — Bois pierreux humides. — Mars, avril. — ♃.

Arrond. de Dreux : Cherizy ! (Daënen; Jacquet in Coss. et Germ., fl. par.).

Arrond. de Chartres : Abondant dans le parc du Gord et dans les bois entre le moulin Le Comte et le moulin Leblanc, près Chartres !

ISOPYRUM, Isopyre.

ISOPYRUM THALICTROIDES (Linn.), *Isopyre pygamon.*

Nom pop. : *Faux pigamon.*

RR. — Lieux ombragés, bois couverts. — Mars, mai. — ♃.

Arrond. de Dreux : forêt de Châteauneuf ! [1] (Duteyeul).

Arrond. de Châteaudun : Lanneray ! (Daënen, herb.). — Bois des Coudreaux près Saint-Christophe ! (Juillard in herb. Cosson).

Arrond. de Nogent-le-Rotrou : bois des Perchets ! Saint-Jean-Pierre-Fixte ! Margon ! (Duteyeul).

NIGELLA, Nigelle.

NIGELLA ARVENSIS (Linn.), *Nigelle des champs.*

Nom pop. : *Chevelure de Vénus.*

RR. — Moissons maigres des terres calcaires.

Juillet, août. — ①.

Arrond. de Dreux : Oulins ! (Brou).

Arrond. de Châteaudun : entre Jallans et Varize ! (Duteyeul).
— Lutz !

---

[1] Voici ce que m'écrivait M. Duteyeul qui venait de découvrir cette nouvelle localité de l'*Isopyrum.*

18 avril 1861.

« .... Vous vous faites indiquer la route impériale dans la forêt de
» Châteauneuf : cette route a 2 branches ; l'une se dirige vers Digny et
» l'autre vers Dreux. Vous prenez la première ; arrivé à la colonne d'Hau-
» terive, vous faites encore quelques centaines de pas en suivant la
» même route et vous arrivez enfin à un petit vallon perpendiculaire à
» la route (toujours en pleine forêt). Vous quittez alors la route impériale
» en prenant à gauche. Si vous suivez quelque temps ce vallon, vous
» trouverez çà et là des *plaques entières d'Isopyrum*... il se rencontre
» encore dans un autre vallon toujours sur la même route, mais plus
» près de Digny.... L'*Isopyrum* se trouve donc maintenant définitivement
» acquis à la flore parisienne ; car il n'y a pas 25 lieues de Châteauneuf
» à Paris. »

AQUILEGIA, Ancolie.

AQUILEGIA VULGARIS (Linn.), *Ancolie vulgaire.*

Nom pop. : *Ancolie.*

AC. — Bois-taillis du calcaire grossier et de la craie blanche.
Juin, juillet. — ♃.

Forêt de Dreux ! Saint-Denis-les-Ponts ! Maintenon ! etc.

DELPHINIUM, Dauphinelle.

DELPHINIUM CONSOLIDA (Linn.), *Dauphinelle consoude.*

Noms pop. : *Patte d'alouette, Pied d'alouette.*

CC. — Champs, moissons surtout des terres calcaires.
Juin, juillet. — ①.

FAMILLE DES BERBÉRIDÉES.

BERBERIS, Vinettier.

BERBERIS VULGARIS (Linn.), *Vinettier commun.*

Nom pop. : *Epine-vinette.*

RR. — Haies, bois, buissons. — Avril, mai. — ♄.
Forêt de Dreux ! (Daënen).
Cultivé dans les jardins et les parcs.

FAMILLE DES NYMPHÉACÉES.

NYMPHÆA, Nénuphar.

NYMPHÆA ALBA (Linn.), *Nénuphar blanc.*

Noms pop. : *Nénuphar blanc, Plateau.*

AC. — Eaux tranquilles, étangs, flaques d'eau des tourbières. Juin, septembre. — ♃.

Béville-le-Comte ! Villebon ! La Loupe ! Thiron ! Dreux ! Châteaudun ! Senonches ! Tardais ! etc.

Plus commun dans le Loir que dans l'Eure.

NUPHAR, Nuphar.

NUPHAR LUTEUM (Smith), *Nuphar jaune.*

Noms pop : *Nénuphar jaune.*

CC. — Rivières à courant peu rapide, eaux tranquilles, fossés, étangs. — Juin, septembre. — ♃.

Plus abondant dans l'Eure que dans le Loir.

FAMILLE DES PAPAVÉRACÉES.

PAPAVER, Pavot.

PAPAVER SOMNIFERUM (Linn.), *Pavot somnifère.*

Nom pop. : *Pavot.*

Subspontané aux alentours des jardins, sur les vieux murs, dans les lieux cultivés. — Juin, septembre. — ①.

Dreux ! (Daënen). — Thiron ! (Duteycul). — Châteaudun ! (Marquis), etc.

PAPAVER RHÆAS (Linn.), *Pavot coquelicot.*

Noms pop. : *Pavot des champs, Coquelicot.*

Ces appellations populaires s'appliquent indifféremment aux espèces suivantes : car les habitants des campagnes ne font entr'elles aucune distinction.

CC. — Champs, moissons, terres remuées.
Mai, juillet. — ①.

Papaver hispidum (Lamarck, fl. fr.), *Pavot hispide* (*P. hybridum,* Linn. et auct. mult. [1]).

RR. — Côteaux pierreux incultes, champs sablonneux. Mai, juillet. — ①.

Varize ! (Duteyeul). — Assez répandu dans la Beauce Dunoise !

Papaver argemone (Linn.), *Pavot argémone*.

CC. — Champs, moissons. — Mai, août. — ①.

Papaver dubium (Linn.), *Pavot douteux*.

C. — Côteaux pierreux, champs sablonneux. Mai, juillet. — ①.

CHELIDONIUM, Chélidoine.

Chelidonium majus (Linn.), *Chélidoine éclaire*.

Noms pop. : *Chélidoine, Herbe aux verrues, Grande éclaire.*

CC. — Haies, vieux murs, décombres, lieux ombragés un peu humides. — Mai, octobre. — ♃.

Famille des FUMARIACÉES.

CORYDALIS, Corydale.

Corydalis solida (Smith), *Corydale bulbeuse*.

R. — Pelouses ombragées, bois couverts. — Mars, avril. — ♃.
Abondant sur la terrasse de l'Évêché à Chartres !

---

[1] J'ai cru, à l'exemple de M. Victor de Martrin-Donos (*Plantes critiques du département du Tarn*, frag. 1, mss. ad amicos) devoir remplacer pour cette plante le nom linnéen, l'espèce étant légitime et non hybride.

Arrond. de Châteaudun : Lanneray ! bois près le moulin de Moncelair, commune de Saint-Denis-les-Ponts ! bois du moulin de Battereau, commune de Saint-Hilaire-sur-Yerre ! (Bellamy).

CORYDALIS LUTEA (D. C.), *Corydale jaune.*

Nom pop. : *Fumeterre jaune.*

RR. — Subspontané. — Murs de jardins et d'anciens édifices. Mai, octobre. — ♃.

Murs des ruines de l'église Saint-André à Chartres ! Abondant sur les anciens murs de ville à Chartres ! Murs du presbytère à Oulins ! — Illiers ! (Duteyeul).

FUMARIA , Fumeterre.

FUMARIA CAPREOLATA (Linn.), *Fumeterre grimpante.*

RR. — Haies, buissons, lieux herbeux.
Mai, septembre. — ①.
Arrond. de Chartres : La Villette ! — Saint-Prest ! (Vigineix).
Arrond. de Dreux : Crécy-Couvé ! (Daënen, herb.).
Arrond. de Nogent-le-Rotrou : Saint-Eliph ! (Duteyeul).

FUMARIA BASTARDI (Boreau), *Fumeterre de Bastard.*

RR. — Haies, buissons. — Mai, septembre. — ①.
Arrond. de Chartres : Epernon (Coss. et Germ. fl. par.).

FUMARIA OFFICINALIS (Linn.), *Fumeterre officinale.*

Nom pop. : *Fumeterre.*

CC. — Champs, vignes, vieux murs, lieux cultivés ou incultes. — Mai, août. — ①.

FUMARIA DENSIFLORA (D. C.), *Fumeterre à grosses fleurs.*

RR. — Lieux cultivés, jardins. — Juin, septembre. — ④.
Arrond. de Chartres : Courville !
Arrond. de Châteaudun : Varize ! (Duteyeul).

Arrond. de Nogent-le-Rotrou : Jardin du petit Séminaire !
(Duteyeul).

Dourdan, sur les limites d'Eure-et-Loir (Maire in Coss. et
Germ., fl. par.).

Fumaria Vaillantii (Loiseleur), *Fumeterre de Vaillant.*

RR. — Vieux murs, bords des chemins. — Mai, juin. — ①.

Arrond. de Châteaudun : Varize ! (Duteyeul). — Orgères !

Fumaria parviflora (Lamark), *Fumeterre à petites fleurs.*

CC. — Bords des chemins et des champs, lieux incultes.
Mai, août. — ①.

Famille des CRUCIFÈRES.

* SILIQUEUSES.

RAPHANUS, Radis.

Raphanus raphanistrum (Linn.), *Radis ravenelle.*

CC. — Champs, moissons, décombres. — Mai, juillet. — ①.

On cultive dans tout le département le *Raphanus sativus*, qui offre
deux variétés bien connues. La première, qui est la variété *vulgaris* et
à laquelle on donne le nom de *Radis, petite Rave,* se caractérise par
sa racine rouge ou rose subglobuleuse ou oblongue d'une saveur
légèrement piquante ; la deuxième, qui forme la variété β *niger* offre
une racine volumineuse, oblongue, noire à saveur très-piquante, et
vulgairement appelée *Raifort* ou *Radis noir.*

SINAPIS, Moutarde.

Sinapis arvensis (Linn.), *Moutarde des champs.*

Noms pop. : *Jotte, Jauneaux, Moutarde sauvage, Senevé.*

CC. — Infeste les champs, les moissons, les lieux cultivés.
Avril, octobre. — ①.

Sɪɴᴀᴘɪs ᴀʟʙᴀ (Linn.), *Moutarde blanche.*

Nom pop. : *Graine de beurre.*

CC. — Champs, moissons, luzernes. — Mai, juillet. — ①

ERUCA , Roquette.

Eʀᴜᴄᴀ sᴀᴛɪᴠᴀ (Lamark), *Roquette cultivée.*

Nom pop. : *Roquette.*

RR. — Décombres, voisinage des vieux châteaux.
Avril, juin. — ①.

Très-abondant autour du château de Dreux !

BRASSICA , Chou.

Toutes les espèces de ce genre sont cultivées en grand, soit dans les potagers, soit en plein champ dans tout le département.

Voici le tableau des espèces avec leurs variétés et leurs noms populaires :

Bʀᴀssɪᴄᴀ ᴏʟᴇʀᴀᴄᴇᴀ (Linn.), *Chou potager.* — ②.

    α Capitata, *Chou pommé.*

    β Crispa, *Chou frisé.*

    γ Caulorapa, *Chou rave.*

    ε Acephala. — Cette variété prend diverses appellations, suivant les modifications qu'elle présente : lorsque ses feuilles sont d'un vert glaucescent, c'est le *chou vert.*

    Lorsque ses feuilles sont de couleur vineuse, c'est le *chou rouge.*

    Lorsque ses bourgeons axillaires sont très-développés, c'est le *chou de Bruxelles.*

    Enfin, lorsqu'on laisse prendre à la plante une taille plus élevée et robuste, c'est le *chou cavalier.*

    ζ Lata, *Chou de Milan.*

    η Botrytis, *Chou-fleur.*

Bʀᴀssɪᴄᴀ ʀᴀᴘᴀ (Linn.), *Chou rude.* — ① et ②.

    α Esculenta, *Rave.*

β Oleifera, *Navette* quand la racine est annuelle, *navette d'été* ou *quarantaine*, quand elle est bisannuelle.

BRASSICA CAMPESTRIS (Linn.), *Chou champêtre.*

Cultivé sous le nom de *colza* à cause de ses graines oléagineuses. — ①.

BRASSICA NAPUS (Linn.), *Chou navet.* — ②.

α Oleifera, *Navette d'hiver.*

ϐ Esculenta, *Navet.* — Ceux de Mainvilliers sont réputés les plus estimés.

DIPLOTAXIS, Diplotaxe.

DIPLOTAXIS TENUIFOLIA (D. C.), *Diplotaxe à petites feuilles.*

RR. — Bords des chemins, collines incultes.
Avril, octobre. — ♃.
Arrond. de Châteaudun : Berges de la Conie à Cormainville !

ERUCASTRUM, Erucastre.

ERUCASTRUM OBTUSANGULUM (Reichenbach), *Erucastre à lobes obtus.*

RR. — Décombres, terrains vagues. — Mai, juin. — ♃.
Env. de Dreux (Daënen, herb.).

HESPERIS, Julienne.

HESPERIS MATRONALIS (Linn.), *Julienne des Dames.*

RR. — Subspontané. — Buissons, lieux ombragés, bords des rivières. — Juin. — ①.
Bords de l'Eure près le Pont-Neuf à Chartres ! Assez répandu aux environs de Nogent-le-Rotrou, dans le voisinage des habitations ! (Duteyeul).

C'est cette plante que l'on cultive si fréquemment à fleurs doubles dans les parterres sous les noms de *Julienne, Girarde.*

CHEIRANTHUS, Giroflée.

CHEIRANTHUS CHEIRI (Linn.), *Giroflée violier*.

Noms pop. : *Giroflée de muraille, Jauniaux*.
CC. — Murs des anciens édifices, vieilles murailles.
Mars, mai. — ♃.

ERYSIMUM, Vélar.

ERYSIMUM CHEIRANTHOIDES (Linn.), *Vélar giroflée*.

Nom pop. : *Fausse giroflée*.
RR. — Bords des fossés et des rivières, champs humides.
Juin, septembre. — ①.
Env. de Dreux (Daënen, herb.). — Oulins ! (Brou).

ERYSIMUM PERFOLIATUM (Crantz), *Vélar perfolié*.

RR. — Champs pierreux des terres argilo-calcaires.
Mai, juin. — ①.
Arrond. de Dreux : Oulins ! (Brou).

BARBAREA, Barbarée.

BARBAREA VULGARIS (R. Brown), *Barbarée commune*.

Nom pop. : *Herbe de Sainte-Barbe*.
CC. — Bords des fossés, lieux herbeux, bois un peu humides.
Avril, juin. — ♃.

   β *Stricta*. — Feuilles radicales à lobe terminal grand cordiforme oblong, les latéraux très-petits. Siliques à pointe effilée obliquement dressées, serrées contre l'axe et ordinairement disposées d'un même côté.

     RR. — Assez abondant dans les lieux frais du bois de la Diane près Epernon ! (au B. *rivularis*. De Martr., fl. du Tarn inéd. mss. ad amicos ?)

SISYMBRIUM, Sisymbre.

SISYMBRIUM OFFICINALE (Scopoli), *Sisymbre officinal.*

Nom pop. : *Herbe-au-Chantre.*
CC. — Lieux vagues, décombres, bords des chemins.
Mai, septembre. — ①.

SISYMBRIUM ALLIARIA (Scopoli), *Sisymbre alliaire.*

Nom pop. : *Alliaire.*
CC. — Décombres, lieux herbeux, prairies, talus des promenades. — Avril, mai. — ②.

SISYMBRIUM IRIO (Linn.), *Sisymbre irio.*

Nom pop. : *Véleret.*
RR. — Vieux murs, voisinage des anciens châteaux et des habitations. — Avril, juin. — ②.
Abondant aux environs de Dreux ! — Nogent-le-Rotrou ! (Duteyeul).

SISYMBRIUM SOPHIA (Linn.), *Sisymbre sagesse.*

Nom pop. : *Sagesse des Chirurgiens.*
R. — Décombres, vieux murs. — Avril, septembre. — ①.
Assez abondant dans l'arrond. de Dreux : Marsauceux ! Oulins ! Saint-Lucien ! château de Dreux ! Mézières-en-Drouais ! etc.

Obs. — Un catalogue de plantes du département de l'Eure, publié en 1820 par M. Brouard, signale (page 84) le *Sisymbrium columnæ* sur les murs du château de Dreux. Cette espèce n'a pas été retrouvée à ma connaissance, dans cette localité.

NASTURTIUM, Cresson.

NASTURTIUM OFFICINALE (R. Brown), *Cresson officinal.*

Noms pop. : *Cresson, Cresson de fontaine.*
CC. — Ruisseaux, fontaines. — Mai, septembre. — ♃.

Nasturtium sylvestre (R. Brown), *Cresson sauvage.*

Nom pop. : *Roquelle sauvage.*

C. — Fossés, bords des eaux, lieux marécageux.
Mai, juillet. — ♃.

Nasturtium amphibium (R. Brown), *Cresson amphibie.*

Nom pop. : *Raifort aquatique.*

CC. — Bords des rivières, fossés, eaux stagnantes, étangs.
Mai, juillet. — ♃.

ARABIS, Arabette.

Arabis sagittata (D. C.), *Arabette sagittée.*

RR. — Côteaux calcaires, lieux pierreux arides.
Mai, juin. — ②.

Abondant sur le côteau de la Garenne d'Hector entre Oulins
et Boncourt ! — Courbehaye ! (Duteyeul).

Arabis perfoliata (Lamark), *Arabette perfoliée.*

RR. — Bois sablonneux. — Mai, août. — ②.

Arrond. de Chartres : Bois de la Diane à Epernon !

Arabis Thaliana (Linn.), *Arabette de Thalins.*

CC. — Champs arides, bords des chemins, côteaux secs.
Avril, juin. — ①.

CARDAMINE, Cardamine.

Cardamine pratensis (Linn.), *Cardamine des prés.*

Nom pop. : *Cresson des prés.*

CC. — Prairies humides, bords des fossés.
Avril, juin. — ♃.

β *Dentata.* — Folioles des feuilles inférieures dentées-angu-
leuses ; plante robuste à feuilles d'un vert sombre et
plus épaisses que dans le *pratensis.*

C. — Çà et là avec le type.

Cardamine amara (Linn.), *Cardamine amère.*

Nom pop. : *Cresson amer.*

AR. — Bords des ruisseaux ombragés, lieux humides.
Avril, mai. — ♃.

Arrond. de Chartres : Les Grands-Prés ! Longsault ! Josaphat !
Epernon ! près le moulin de Droue.

Arrond. de Dreux : Vernouillet ! Crécy-Couvé ! Abondant d'ailleurs sur les bords de la Blaise, de l'Eure et de l'Avre dans
presque tout l'arrondissement ! Oulins ! (Brou).

Nogent-le-Rotrou ! (Duteyeul).

Cardamine hirsuta (Linn.), *Cardamine hérissée.*

RR. — Bords des eaux, lieux frais, décombres, terres remuées. — Avril, juillet. — ①.

Abondant aux environs de Nogent-le-Rotrou jusque dans l'intérieur de la ville ! (Duteyeul).

Cardamine impatiens (Linn.), *Cardamine impatiente.*

RR. — Bords des ruisseaux ombragés. — Mai, juin. — ②.
Arrond. de Nogent-le-Rotrou : Saint-Eliph ! (Duteyeul).

** SILICULEUSES.

ALYSSUM, Alysson.

Alyssum calicinum (Linn.), *Alysson calicinal.*

C. — Lieux secs et pierreux, bords des chemins.
Mai, juin. — ①.

DRABA, Drave.

Draba verna (Linn.), *Drave printanière.*

CC. — Lieux secs, vieux murs, toits de chaume, etc.
Février, mai. — ①.

Draba muralis (Linn.), *Drave des murailles.*

RR. — Vieux murs. — Mai, juin. ①.
Env. de Châteaudun ! (Duteyeul).

CAMELINA, Caméline.

Camelina sylvestris (Wallroth), *Caméline sylvestre.*

R. — Côteaux incultes, champs pierreux des terres calcaires.
Juin, juillet. — ①.
Arrond. de Dreux : Côtes de Montreuil et de Fermaincourt !
Arrond. de Châteaudun : Varize ! (Duteyeul).

NESLIA, Neslie.

Neslia paniculata (Desvaux), *Neslie paniculée.*

R. — Côteaux crayeux, moissons maigres des terres calcaires.
Juin, août. — ①.
Arrond. de Chartres : Gouillons !
Arrond. de Dreux : Côtes de Montreuil et de Fermaincourt !
Oulins ! (Brou).
Arrond. de Châteaudun : Varize ! (Duteyeul).

ISATIS, Pastel.

Isatis tinctoria (Linn.), *Pastel des teinturiers.*

Nom pop. : *Pastel.*
R. — Côteaux secs, lieux pierreux des terres calcaires.
Mai, juillet. — ②.
Arrond. de Chartres : Saint-Aubin-des-Bois !
Abondant autour du château de Dreux !
Arrond. de Nogent-le-Rotrou : Saint-Jean-Pierre-Fixte ! (Du-
teyeul).

IBERIS, Ibéride.

Iberis amara (Linn.), *Ibéride amère.*

Nom pop. : *Petit thlaspi.*

AC. — Champs pierreux, côteaux secs des terrains calcaires. Juin, septembre. — ①.

Arrond. de Chartres : Maintenon ! Gallardon ! etc.

Arrond. de Dreux : Montreuil ! Fermaincourt ! Oulins ! Crécy-Couvé !

Arrond. de Châteaudun : tous les côteaux des bords de la Conie !

Arrond. de Nogent-le-Rotrou : Saint-Jean-Pierre-Fixte (Duteyeul).

TEESDALIA, Téesdalie.

Teesdalia nudicaulis (R. Brown), *Téesdalie à tige nue.*

AC. — Lieux sablonneux, pelouses sèches, murgers. Avril, juin. — ④.

LUNARIA, Lunaire.

Lunaria biennis (Linn.), *Lunaire bisannuelle.*

Cette plante connue sous les noms de *Lunaire, Clef de montre, Monnaie du pape,* se rencontre quelquefois subspontanée autour des habitations. Elle s'est notamment naturalisée dans les vignes, autour de l'église de Luisant près Chartres !

THLASPI, Tabouret.

Thlaspi arvense (Linn.), *Tabouret des champs.*

Noms pop. : *Monnayère, Thlaspi, Monnaie du pape.*

CC. — Moissons, champs en friches, vignes, prairies artificielles. — Mai, septembre. — ④.

Thlaspi perfoliatum (Linn.), *Tabouret perfolié.*

CC. — Champs, vignes, bords des chemins.
Avril, mai. — ①.

CAPSELLA, Capselle.

Capsella bursa-pastoris (Mœnch), *Capselle bourse-à-pasteur.*

Noms pop. : *Bourse-à-berger, Bourse-à-pasteur.*
CC. — Lieux cultivés, bords des chemins, pied des murs, rues peu fréquentées, etc. — Fleurit toute l'année. — ①.

LEPIDIUM, Passerage.

Lepidium campestre (R. Brown), *Passerage des champs.*

Nom pop. : *Bourse de Judas.*
CC. — Vignes, bords des chemins, champs argileux.
Mai, juillet. — ②.

Lepidium Smithii (Hooker), *Passerage de Smith.*

RR. — Champs, bords des haies sèches. — Mai, juin. — ♃.
Arrond. de Chartres : Chétiveau, près Pont-Tranchefétu ! — Illiers ! (l'abbé Daucret).
Arrond. de Nogent-le-Rotrou : Belhomert-Guéhouville ! (Daënen, herb.).

Lepidium graminifolium (Linn.), *Passerage à feuilles de gramen.*

Nom pop. : *Chasserage.*
CC. — Pied des murs, décombres, rues peu fréquentées.
Juin, octobre. — ♃.

SENEBIERA, Sénebière.

Senebiera coronopus (Poiret), *Sénebière corne-de-cerf.*

Nom pop. : *Corne-de-cerf.*

CC. — Bords des chemins, lieux incultes, décombres.
Avril, octobre. — ①.

FAMILLE DES CISTINÉES.

HELIANTHEMUM, Hélianthème.

HELIANTHEMUM VULGARE (Gaertner), *Hélianthème commun*.

Nom pop. : *Grille-midi*.

CC. — Pelouses sèches montueuses, bords des chemins, clairières des bois secs. — Juin, août. — ♃.

HELIANTHEMUM GUTTATUM (Miller), *Hélianthème taché*.

RR. — Champs sablonneux. — Juin, août. — ①.

Arrond. de Dreux · entre Breuilpont et la Chaussée-d'Ivry !
(Daënen, herb.).

HELIANTHEMUM PULVERULENTUM (D. C.), *Hélianthème pulvérulent*.

RR. — Collines crayeuses, bords des chemins des terrains calcaires. — Mai, juin. — ♄.

Arrond. de Dreux : abondant sur les côtes de Montreuil et Fermaincourt !

Arrond. de Châteaudun : bords de la route entre Jallans et Varize ! Orgères ! — Abondant sur les bords de la route entre le Mée et Verdes !

Famille des VIOLARIÉES.

VIOLA, Violette.

Viola hirta (Linn.), *Violette hérissée.*

CC. — Bois, taillis, côteaux herbeux. — Avril, mai. — ♃.

Viola odorata (Linn.), *Violette odorante.*

Nom pop. : *Violette.*

CC. — Bois, haies, prés, lieux ombragés.
Mars, avril. — ♃.

Viola sylvatica (Fries), *Violette des bois.*

Noms pop. : *Violette sauvage, Violette des bois.*

C. — Bois, haies, taillis. — Mars, mai. — ♃.

Viola Riviniana (Reichenbach), *Violette de Rivin.*

AC. — Bois, haies, taillis, avec la précédente.
Avril, juin. — ♃.

Viola canina (Linn.), *Violette de chien.*

Noms pop. : *Violette de chien, Violette sauvage.*

AC. — Lieux sablonneux, bruyères, pâtures.
Avril, juin. — ♃.

Viola tricolor (Linn.), *Violette tricolore.*

α *Arvensis.* — Noms pop. : *Pensée des champs, Pensée
sauvage.*

CC. — Champs, moissons, prairies artificielles.
Juin, septembre. — ②.

β *Hortensis.* — Nom pop. : *Pensée des jardins.*

CC. — Lieux cultivés, vergers, jardins en friche.
Mai, octobre. — ④.

FAMILLE DES RÉSÉDACÉES.

RESEDA, Réséda.

RESEDA LUTEA (Linn.), *Réséda jaune.*

CC. — Lieux secs, bords des chemins, carrières, décombres.
Juin, août. — ②.

RESEDA LUTEOLA (Linn.), *Réséda gaude.*

Noms pop. . *Gaude, Herbe à jaunir.*
CC. — Bords des chemins, champs arides, carrières, décombres. — Juillet, septembre. — ②.

FAMILLE DES DROSÉRACÉES.

DROSERA, Rossolis.

DROSERA ROTUNDIFOLIA (Linn.), *Rossolis à feuilles rondes.*

Noms pop. : *Rossolis, Rosée du soleil.*
R. — Marais tourbeux à *Sphagnum.* — Juillet, août. — ♃.
Arrond. de Dreux : Étang de Tardais ! Marais des Evées, près Senonches !

Arrond. de Nogent-le-Rotrou : entre les Étilleux et Authon !
Saint-Jean-Pierre-Fixte ! (Duteyeul).

Étang de Guipéreux ! (Seine-et-Oise), sur les limites d'Eure-
et-Loir.

DROSERA LONGIFOLIA (Linn.), *Rossolis à feuilles longues.*

RR. — Marais tourbeux à *Sphagnum.* — Juillet, août. — ♃.

Arrond. de Dreux : étang de Tardais !

DROSESA INTERMEDIA (Hayne), *Rossolis intermédiaire.*

RR. — Marais tourbeux à *Sphagnum.* — Juillet, août. — ♃.

Assez abondant sur les bords de l'étang de Guipéreux ! (Seine-
et-Oise), près des limites d'Eure-et-Loir.

PARNASSIA , Parnassie.

PARNASSIA PALUSTRIS (Linn.), *Parnassie des marais.*

R. — Prairies marécageuses, lieux tourbeux.
Août, septembre. — ♃.

Arrond. de Dreux : Oulins ! (Brou). — Cherizy ! (Daënen). —
Senonches ! — Cocherelle !

Arrond. de Châteaudun : Varize ! Saint-Denis-les-Ponts (Duteyeul). — Cormainville !

Env. de Nogent-le-Rotrou (Duteyeul).

FAMILLE DES POLYGALÉES.

POLYGALA , Polygala.

POLYGALA VULGARIS (Linn.), *Polygala commun.*

Nom pop. : *Laitier commun.*
CC. — Bois, pelouses, lieux herbeux, vignes.
Mai, août. — ♃.

Polygala depressa (Wenderoth), *Polygala couché*.

C. — Bruyères, pelouses sablonneuses humides.
Mai, juin. — ♃.

Polygala calcarea (Schultz), *Polygala du calcaire*.

RR. — Pelouses sèches des côteaux calcaires.
Mai, juillet. — ♃.
Arrond. de Dreux : abondant sur le côteau entre Cocherelle
et Muzy !

Famille des SILÉNÉES.

CUCUBALUS, Cucubale.

Cucubalus baccifer (Linn.), *Cucubale porte-baie*.

AC. — Bords des ruisseaux ombragés. — Juin, août. — ♃.
Arrond. de Chartres : Oisème ! Josaphat ! Barjouville !
Arr. de Châteaudun : Douy ! (Bellamy). — Varize (Duteyeul).
Env. de Dreux ! et de Nogent-le-Rotrou ! etc.

SILENE, Siléné.

Silene inflata (Smith), *Siléné enflé*.

Nom pop. : *Behen blanc*.
CC. — Moissons, bords des chemins, prairies artificielles.
Juin, septembre. — ♃.

Silene conica (Linn.), *Siléné conique*.

RR. — Moissons maigres des terrains sablonneux.
Juin, juillet. — ①.
Env. de Nogent-le-Rotrou ! (Duteyeul).

SILENE GALLICA (Linn.), *Siléné gaulois.*

RR. — Moissons maigres des terrains sablonneux.
Juin, juillet. — ☉.
Arrond. de Dreux : La Gadelière (Daënen, herb.!).
Arrond. de Nogent-le-Rotrou : Saint-Jean-Pierre-Fixté ! (Du-
leyeul).
Epernon (Coss. et Germ., fl. par.).

SILENE NUTANS (Linn.), *Siléné penché.*

AC. — Côteaux secs, bords des chemins pierreux, bois sa-
blonneux. — Mai, juillet. — ♃.
Arrond. de Chartres : bois des Grès au-dessus de Saint-Cheron!
Saint-Prest ! Bois de la Diane à Epernon ! Gallardon ! etc.
Arrond. de Dreux : Montreuil ! Fermaincourt ! Anet ! Oulins !
(Brou). — Boncourt ! — Bois du Thuillay, à Faverolles !
Arrond. de Châteaudun : Saint-Denis-les-Ponts ! etc.

LYCHNIS, Lychnide.

LYCHNIS FLOS-CUCULI (Linn.), *Lychnide fleur-de-coucou.*

Nom pop. : *OEillet des prés.*
CC. — Prairies, lieux marécageux, bois humides.
Mai, juin. — ♃.

LYCHNIS VESPERTINA (Sibthorp.), *Lychnide du soir.*

Nom pop. : *Compagnon blanc.*
CC. — Moissons, champs, haies, buissons, prairies artificielles. — Mai, octobre. — ♃.

LYCHNIS DIURNA (Sibthorp.), *Lychnide de jour.*

Noms pop. : *Compagnon rouge, Ivrogne.*
R. — Bois humides des terrains sablonneux.
Juin, août. — ♃.
Arrond. de Chartres : bois de la Diane à Epernon !
Env. de Dreux ! (Daënen, herb.).

Env. de Nogent-le-Rotrou ! (Duteyeul).

Arrond. de Châteaudun : Varize ! (Duteyeul). — Bois de l'Abbaye, à Saint-Denis-les-Ponts ! (Marquis).

AGROSTEMMA, Agrostemme.

AGROSTEMMA GITHAGO (Linn.), *Agrostemme nielle.*

Noms pop. : *Nielle, Alène.*

CC. — Moissons, champs, prairies artificielles.
Juin, août. — ①.

SAPONARIA, Saponaire.

SAPONARIA OFFICINALIS (Linn.), *Saponaire officinale.*

Noms pop. : *Saponaire, Herbe à blanchir.*

C. — Champs, bords des chemins calcaires.
Juillet, septembre. — ♃.

SAPONARIA VACCARIA (Linn.), *Saponaire des vaches.*

AC. — Bords des chemins, champs des côteaux argilo-calcaires. — Juin, juillet. — ①.

GYPSOPHILA, Gypsophile.

GYPSOPHILA MURALIS (Linn.), *Gypsophile des murs.*

R. — Champs sablonneux humides, bords des étangs.
Juillet, août. — ①.

Arrond. de Chartres : Blanville près de Courville ! (Duteyeul).

Arrond. de Dreux : Tardais près de Senonches !

Arrond. de Châteaudun : Vallière-sur-Conie, commune de
Nottonville ! (Duteyeul).

Arrond. de Nogent-le-Rotrou : entre Nogent et Condé ! (Duteyeul).

DIANTHUS, Œillet.

DIANTHUS PROLIFER (Linn.), *Œillet prolifère*.

C. — Lieux secs, bords des chemins, côteaux calcaires arides. — Juin, août. — ⚊.

DIANTHUS ARMERIA (Linn.), *Œillet velu*.

CC. — Bords des chemins herbeux, clairières et lisières des bois. — Mai, août. — ②.

DIANTHUS CARTHUSIANORUM (Linn.), *Œillet des Chartreux*.

CC. — Bords des chemins, pelouses sèches, côteaux arides. Juin, août. — ♃.

DIANTHUS DELTOIDES (Linn.), *Œillet deltoïde*.

RR. — Bords des chemins sablonneux. — Juillet, août. — ♃. Près le hameau des Chaises, sur le chemin de Raizeux à Guipéreux, non loin d'Epernon !

FAMILLE DES ALSINÉES.

SAGINA, Sagine.

SAGINA PROCUMBENS (Linn.), *Sagine couchée*.

CC. — Champs en friche, lieux herbeux, décombres, rues peu fréquentées. — Avril, octobre. — ①.

SAGINA APETALA (Linn.), *Sagine apétale*.

C. — Champs argileux humides, prairies artificielles. Mai, août. — ①.

6 *Patula*. — (S. patula, Jordan?) Plante plus robuste, à tiges
étalées sur la terre, à feuilles non ciliées.

Çà et là avec le type, mais plus particulièrement dans les
terrains sablonneux.

SAGINA NODOSA (Meyer), *Sagine noueuse.*

R. — Champs sablonneux humides, marais tourbeux.
Juillet, août. — ♃.

Arrond. de Dreux : chemin de la Sablière à Oulius ! (Brou,
Servant). — Près le moulin de Metey à Anet ! (Daënen, herb.).
— Senonches !

Arrond. de Châteaudun : Nottonville ! Moléans ! Vallière-sur-
Conie ! (Duteyeul).

ALSINE, Alsine.

ALSINE TENUIFOLIA (Wahlenberg), *Alsine à feuilles menues.*

CC. — Champs en friche, moissons, vieux murs.
Mai, juillet. — ①.

MŒHRINGIA, Mœhringie.

MŒHRINGIA TRINERVIA (Clairvillle), *Mœhringie trinerviée.*

C. — Bois ombragés, vieux murs humides, taillis.
Mai, juin. — ①.

ARENARIA, Sabline.

ARENARIA SERPYLLIFOLIA (Linn.), *Sabline à feuilles de serpolet.*

CC. — Champs, moissons, lieux incultes, décombres.
Mai, septembre. — ②.

STELLARIA, Stellaire.

STELLARIA MEDIA (Villars), *Stellaire moyenne.*

Noms pop. : *Mouron, Morgeline, Herbe aux oiseaux.*

CC. — Pieds des murs, endroits cultivés, lieux frais, jardins, décombres. — Fleurit toute l'année. — ♃.

STELLARIA HOLOSTEA (Linn.), *Stellaire holostée.*

C. — Bois, haies, buissons. — Mai, juin. — ♃.

STELLARIA GRAMINEA (Linn.), *Stellaire graminée.*

C. — Prairies, buissons, lieux herbeux. — Mai, août. — ♃.

STELLARIA GLAUCA (Withering), *Stellaire glauque.*

R. — Prairies marécageuses, lieux tourbeux.
Juin, juillet. — ♃.
Arrond. de Chartres : Courville ! (Duteyeul).
Arrond. de Dreux : Cherizy ! (Daënen ; Weddell in Coss et Germ., fl. par.)
Arrond. de Châteaudun : vallée de l'Aigre, entre la Ferté-Villeneuil et la Mottraye ! — la Canche !

STELLARIA ULIGINOSA (Murray), *Stellaire des fanges.*

RR. — Bords des mares des bois. — Juin, juillet. — ①.
Arrond. de Dreux : Senonches ! (Daënen, herb.).
Arrond. de Châteaudun : Bonneval !
Arrond. de Nogent-le-Rotrou : bois de Condeau ! (Duteyeul).

HOLOSTEUM, Holostée.

HOLOSTEUM UMBELLATUM (Linn.), *Holostée en ombelle.*

CC. — Bords des chemins, vieux murs, toits de chaume.
Avril, mai. — ①.

MŒNCHIA, Mœnchie.

MŒNCHIA ERECTA (Gaertner), *Mœnchie droite.*

R. — Bords des mares, bois sablonneux humides.
Avril, juin. — ①.

Arrond. de Chartres : Epernon ! (Coss. et Germ., fl. par.).

Arrond. de Dreux : Le Mesnil-Simon ! (Daënen, herb.).

Arrond. de Nogent-le-Rotrou : Morissure ! — Le Croisilles ! (Duteycul).

CERASTIUM, Céraiste.

CERASTIUM VISCOSUM (Linn.), *Céraiste visqueux.*

C. — Champs, lieux cultivés, bords des chemins.
Mai, juillet. — ①.

CERASTIUM BRACHYPETALUM (Desportes), *Céraiste à pétales courts.*

R. — Clairières des bois montueux. — Mai, juillet. — ①.

Arrond. de Chartres : Saint-Prest ! bois d'Oisème ! (Vigineix). — Epernon ! (Coss., herb.). — Maintenon ! (Thuret in herb., Coss.).

Arrond. de Châteaudun : Varize ! Nottonville ! (Duteycul).

CERASTIUM SEMIDECANDRUM (Linn.), *Céraiste à cinq anthères.*

AC. — Pelouses rases, bords des chemins, surtout des terrains sablonneux. — Avril, juin. — ①.

Plus commun dans le Perche que dans la Beauce ! — Se retrouve aux environs de la Maillardière, près de Mondoubleau, arrondissement de Vendôme (Loir-et-Cher) [Em. Desvaux in Puel et Maille, pl. de France exsicc.], localité peu éloignée des limites du département.

CERASTIUM ALSINOIDES (Grenier, monogr.), *Céraiste à port d'alsine.*

Mai, juin. — ①.

α *Obscurum* (C. pumilum, Curtis.)

CC. — Bords des chemins, lieux secs, pieds des murs.

β *Herbaceum* (C. pumilum var. α vulgare, Coss. et Germ., fl. par.)

CC. — Lieux herbeux, prairies, pâturages.

γ *Petaloïdeum* (C. litigiosum, De Lens). C. pumilum β campanulatum. Coss. et Germ., fl. par., éd. 2).

Cette variété, abondante dans quelques localités peu éloignées des limites du département et notamment dans la plaine sablonneuse à l'O. de Plessy-lès-Tours (Indre-et-Loir), [Delaunay in Puel et Maille, pl. de France exsicc.] n'a pas encore été rencontrée, à ma connaissance, dans Eure-et-Loir.

CERASTIUM ARVENSE (Linn.), *Céraiste des champs.*

CC. — Bords des chemins, champs arides, côteaux secs, surtout dans les terres argilo-calcaires. — Avril, juin. — ♃.

MALACHIUM, Malachie.

MALACHIUM AQUATICUM (Fries), *Malachie aquatique.*

CC. — Bords des eaux, fossés, lieux herbeux humides. Juin, août. — ♃.

SPERGULA, Spargoute.

SPERGULA ARVENSIS (Linn.), *Spargoute des champs.*

CC. — Moissons, champs en friche, surtout des terres sablonneuses. — Mai, août. — ①.

SPERGULA PENTANDRA (Linn.), *Spargoute à cinq anthères.*

RR. — Pelouses sablonneuses. — Avril, mai. — ①.
Env. de Dreux et de Houdan! (Daënen, herb.).
Arrond. de Châteaudun : Varize! Nottonville! (Duteyeul).

SPERGULA MORISONII (Boreau), *Spargoute de Morison.*

R. — Bois découverts, pelouses arides, champs en friche des terrains sablonneux. — Avril, mai. — ④.
Arrond. de Chartres : Epernon! sur les pentes de l'ancien château.
Arrond. de Dreux : Faverolles! Saint-Lucien! — Houdan (Daënen).

Les Rhonandières près Mondoubleau (Loir-et-Cher) [Em.
Desvaux in Puel et Maille exsicc.].

SPERGULARIA, Spergulaire.

SPERGULARIA RUBRA (Persoon), *Spergulaire rouge.*

CC. — Bords des chemins, pied des murs, champs, surtout
dans les terrains sablonneux. — Mai, juillet. — ①.

SPERGULARIA SEGETALIS (Fenzl), *Spergulaire des moissons.*

R. — Moissons maigres des terrains sablonneux.
Juin, juillet. — ①.
Arrond. de Dreux : Senonches !
Arrond. de Nogent-le-Rotrou : Saint-Jean-Pierre-Fixte ! Les
Étilleux ! (Duteyeul).
Env. d'Aclou, canton de Brionne, arrondissement de Bernay
(Eure). [Malbranche in Puel et Maille exsicc., herb. fl. loc. avril
1856 n° 215.]

FAMILLE DES ELATINÉES.

ELATINE, Elatiné.

ELATINE PALUDOSA (Seuber), *Elatiné des marais.*

β *Hexandra.* — RR. — Bords des étangs, lieux tourbeux.
Juin, septembre. — ♃.

Arrond. de Châteaudun : étang du Grand-Gallas près
Arrou ! (Daënen, herb.).

Cette plante était abondante il y a quelques années
dans cette localité; aujourd'hui l'étang est desséché,
je ne puis affirmer qu'elle y existe encore.

Famille des LINÉES.

LINUM, Lin.

Linum gallicum (Linn.), *Lin de France.*

RR. — Lieux incultes, clairières des bois secs.
Juin, juillet. — ①.
Arrond. de Châteaudun : Montigny-le-Gannelon ! (Duteyeul).

Linum tenuifolium (Linn.), *Lin à feuilles menues.*

AC. — Côteaux crayeux, pelouses sèches des terrains cal-
caires. — Juin, août. — ♃.
Arrond. de Chartres : Béville-le-Comte ! Roinville-sous-Auneau !
Maintenon ! etc.
Arrond. de Dreux : Oulins ! Anet ! Boncourt ! Montreuil ! Co-
cherelle ! Crécy-Couvé !
Arrond. de Châteaudun : entre Châteaudun et Jallans ! Cor-
mainville ! Varize ! (Duteyeul).

Linum catharticum (Linn.), *Lin purgatif.*

C. — Clairières des bois, lieux herbeux. — Juin, août. — ①.

RADIOLA, Radiole.

Radiola linoides (Gmelin), *Radiole faux-lin.*

R. — Allées des bois sablonneux, pelouses humides.
Juin, août. — ①.
Assez abondant dans la forêt de Senonches du côté des Me-
nus ! — Forêt de Dreux, au-dessus de Boncourt !

Famille des TILIACÉES.

TILIA, Tilleul.

Tilia platyphyllos (Scopoli), *Tilleul à grandes feuilles*.

Nom pop. : *Tilleul*.
Juin, septembre. — ♄.
CC. — Bois, forêts, taillis. — Très-communément planté dans les parcs et les promenades publiques.

Famille des MALVACÉES.

MALVA, Mauve.

Malva alcea (Linn.), *Mauve alcée*.

C. — Bois, taillis, haies, buissons. — Mai, août. — ♃.

Malva moschata (Linn.), *Mauve odorante*.

C. — Lisières des bois, taillis, lieux montueux couverts. Juin, août. — ♃.

Malva sylvestris (Linn.), *Mauve sauvage*.

Noms pop. : *Mauve sauvage, Grande mauve*.
CC. — Haies, buissons, lieux herbeux. — Juin, août. — ②.

Malva rotundifolia (Linn.), *Mauve à feuilles rondes*.

Nom pop. : *Petite mauve*.
CC. — Décombres, carrières, voisinage des habitations, bords des chemins. — Mai, octobre. — ①.

ALTHÆA , Guimauve.

ALTHÆA OFFICINALIS (Linn.), *Guimauve officinale.*

Juin, août. — ⚥.

Cultivé comme plante médicinale, et quelquefois naturalisé autour des habitations.

Montlouet près Gallardon ! — Nogent-le-Rotrou ! (Duteyeul).

ALTHÆA HIRSUTA (Linn.), *Guimauve hérissée.*

RR. — Champs pierreux. — Mai, juillet. — ①.

Arrond. de Nogent-le-Rotrou : Les Etilleux ! Saint-Jean-Pierre-Fixte ! (Duteyeul).

FAMILLE DES GÉRANIACÉES.

GERANIUM, Géranium.

GERANIUM SANGUINEUM (Linn.), *Géranium sanguin.*

RR. — Clairières des bois. — Mai, septembre. — ⚥.

Forêt de Dreux ! bois Yon ! (Daënen). — Nogent-le-Rotrou ! (Duteyeul).

GERANIUM COLUMBINUM (Linn.), *Géranium colombin.*

CC. — Bords des chemins, buissons, lieux incultes.
Juin, septembre. — ①.

GERANIUM DISSECTUM (Linn.), *Géranium découpé.*

CC. — Buissons, lieux herbeux, bords des chemins, vignes.
Juin, septembre. — ①.

GERANIUM MOLLE (Linn.), *Géranium un peu velu.*

CC. — Lieux herbeux, vignes, bords des chemins.
Mai, septembre. — ①.

GERANIUM PUSILLUM (Linn.), *Géranium fluet.*

C. — Lieux incultes, décombres, lieux herbeux.

GERANIUM ROTUNDIFOLIUM (Linn.), *Géranium à feuilles rondes.*

CC. — Bords des chemins, lieux pierreux, vignes, vieux murs de chaume. — Mai, octobre. ①.

GERANIUM ROBERTIANUM (Linn.), *Géranium herbe à Robert.*

Noms pop. : *Herbe à l'esquinancie, Bec de grue.*

CC. — Haies, vieux murs, lieux herbeux, troncs des saules. etc. — Avril, octobre. — ①.

GERANIUM LUCIDUM (Linn.), *Géranium luisant.*

RR. — Lieux pierreux, buissons. — Mai, août. — ①.
Env. de Dreux ! (Daënen, herb.).
Arrond. de Chartres : Epernon ! (Vaillant, bot. par.).
Arrond. de Châteaudun : Moléans ! Pommay-sur-Conie ! (Duteyeul). — Saint-Avit ! Cavée de la Reine à Châteaudun ! (Bellamy).
Parc du Bréau près Ablis, sur les limites d'Eure-et-Loir et de Seine-et-Oise (de Noé, in Coss. et Germ., fl. par.).

ERODIUM, Erodion.

ERODIUM CICUTARIUM (L'Héritier), *Erodion à feuilles de ciguë.* — ①.

> α *Pimpinellæ folium.* — Pétales tachés de jaune, découpures des feuilles courtes.
>
> > CC. — Champs cultivés, lieux incultes, bords des chemins. — Mai, août.
>
> β *Chærophyllum.* — Pétales non tachés, découpures des feuilles fines et allongées aigües.
>
> > C. — Champs, berges des chemins, surtout dans les terrains sablonneux. — Juin, juillet.
>
> γ Tige nulle ou presque nulle, pédoncules radicaux.
>
> > CC. — Vieux murs de terre et de chaume. — Mars, avril.

Famille des HYPÉRICINÉES.

HYPERICUM, Millepertuis.

Hypericum perforatum (Linn.), *Millepertuis perforé.*

Noms pop. : *Millepertuis, Herbe à mille trous.*
CC. — Lisières des bois, bruyères, lieux secs.
Juin, août. — ♃.

Hypericum tetrapterum (Fries), *Millepertuis à quatre ailes.*

C. — Lieux humides, bords des rivières et des ruisseaux,
prairies. — Juillet, août. — ♃.

Hypericum humifusum (Linn.), *Millepertuis couché.*

C. — Bords des bois, allées découvertes, bruyères.
Juin, août. — ♃.

  β *Liottardi.* — Fleurs à quatre pétales, tiges pauciflores
un peu dressées.

    C. — Champs sablonneux, surtout après la mois-
son. — Septembre.

Hypericum pulchrum (Linn.), *Millepertuis élégant.*

C. — Lisières des bois, taillis, buissons.
Juin, septembre. — ♃

Hypericum hirsutum (Linn.), *Millepertuis hérissé.*

AC. — Bois, taillis, lieux couverts. — Juin, août. — ♃.

Hypericum montanum (Linn.), *Millepertuis des montagnes.*

AC. — Bois, taillis montueux, forêts. — Juin, août. — ♃.

HELODES, Hélodie.

Helodes palustris (Spach), *Hélodie des marais.*

R. — Bords des étangs, marais tourbeux.

Juillet, août. — ♃.

Étang de Guipéreux près Epernon !

Arrond. de Dreux : marais des Evées à Senonches ! Étang de Tardais !

Arrond. de Châteaudun : étang du Grand-Gallas près Arrou ! (Daënen, herb.).

Famille des ACÉRINÉES.

ACER, Erable.

Acer campestre (Linn.), *Erable champêtre.*

Nom pop. : *Erable.*

C. — Bois, taillis, forêts, talus des chemins de fer.

Mai. — ♄.

Famille des OXALIDÉES.

OXALIS, Oxalide.

Oxalis stricta (Linn.), *Oxalide raide.*

C. — Lieux frais, champs pierreux, haies, vignes, pâturages. — Juin, octobre. — ♃.

Oxalis acetosella (Linn.), *Oxalide petite-oseille.*

Nom pop. : *Alleluia.*

R. — Bois montueux, taillis ombragés, forêts.
Avril, mai. — ♃.
Arrond. de Dreux : forêts de Senonches et de la Ferté-Vidame !
Arrond. de Nogent-le-Rotrou : bois du Perchet ! bois de Condeau (Duteyeul).

CLASSE II. — CALICIFLORES.

FAMILLE DES CÉLASTRACÉES.

EVONYMUS, Fusain.

EVONYMUS EUROPÆUS (Linn.), *Fusain d'Europe.*
 Noms pop. : *Fusain, Bonnet carré, Calotte de prêtre.*
 C. — Bois, haies, taillis. — Mai, juin. — ♄.

FAMILLE DES RHAMNÉES.

RHAMNUS, Nerprun.

RHAMNUS CATHARTICA (Linn.), *Nerprun purgatif.*
 Nom pop. : *Nerprun.*
 C. — Bois, taillis. — Mai, juillet. — ♄.

RHAMNUS FRANGULA (Linn.), *Nerprun bourdaine.*
 Noms pop. : *Bourdaine, Aulne noir.*
 C. — Bois, taillis humides. — Mai, juillet. — ♄.

Famille des PAPILIONACÉES ou LÉGUMINEUSES.

ULEX, Ajonc.

Ulex Europæus (Linn.), *Ajonc d'Europe.*

Noms pop. : *Ajoncs, Landes.*

CC. — Lieux arides, bois, buissons, côteaux secs. — Fleurit toute l'année. — ♄.

Ulex nanus (Smith), *Ajonc nain.*

C. — Bois, bruyères, côteaux arides. — Juin, octobre. — ♄.

SAROTHAMNUS, Sarothamne.

Sarothamnus scoparius (Linn.), *Sarothamne à balais.*

Nom pop. : *Genêt à balais.*

CC. — Bois, taillis, bruyères. — Avril, juin. — ♄.

GENISTA, Genêt.

Genista sagittalis (Linn.), *Genêt à tiges ailées.*

AC. — Bois, bruyères, pelouses sèches. — Mai, juillet. — ♃.

Arrond. de Chartres : Saint-Prest ! Saint-Aubin-des-Bois ! Bailleau-l'Evêque ! Pont-Tranchefétu ! etc. — Dreux ! Nogent-le-Rotrou ! Châteaudun !

Genista pilosa (Linn.), *Genêt velu.*

R. — Bruyères, côteaux arides. — Mai, juillet. — ♄.

Arrond. de Chartres : Théléville près Berchères-la-Maingot ! (Vigineix).

Arrond. de Dreux : Tardais près Senonches ! (Daënen, herb.).

Arrond. de Châteaudun : bois de Moléans ! Saint-Maur !

Arrond. de Nogent-le-Rotrou : Les Étilleux ! (Duteyeul).
Raizeux près Epernon (Coss. et Germ., fl. par. éd. 2).

GENISTA TINCTORIA (Linn.), *Genêt des teinturiers.*

Nom pop. : *Genestrolle.*

AR. — Bruyères, côteaux incultes. — Juin, août. — ♄.
Arrond. de Chartres : côte d'Epernon et bois de la Diane !
Arrond. de Dreux : bois You, côtes de Dreux et d'Oulins !
Arrond. de Châteaudun : Saint-Denis-les-Ponts ! Chanteloup, commune de Flacey !
Nogent-le-Rotrou ! (Duteyeul.)

GENISTA ANGLICA (Linn.), *Genêt d'Angleterre.*

AC. — Côteaux arides, bruyères des terrains argileux.
Avril, juillet. — ♄.
Arrond. de Dreux : Dreux ! Anet ! (Daënen). — Gilles près Oulins ! (Brou) — Senonches ! la Ferté-Vidame !
Arrond. de Châteaudun : Villentier, commune de Civry ! (Marquis). — Saint-Maur ! (Duteyeul).
Guipéreux près Epernon, dans les bruyères à la queue de l'étang !

CYTISUS, Cytise.

CYTISUS DECUMBENS (Walpers), *Cytise couché.*

RR. — Pelouses arides des terrains sablonneux.
Mai, juillet. — ♄.
Env. de Nogent-le-Rotrou ! (Duteyeul.)

CYTISUS LABURNUM (Linn.), *Cytise faux ébénier.*

Nom pop. : *Faux ébénier.*
Cultivé dans les jardins et les parcs : se naturalise fréquemment dans les haies, les taillis et sur les talus des chemins de fer.

ONONIS, Bugrane.

ONONIS CAMPESTRIS (Koch), *Bugrane des champs.*

Noms pop. : *Bugrane, Arrête-bœuf.*

CC. — Bords des chemins, champs incultes.
Juin, août. — ♃.

ONONIS PROCURRENS (Wallroth), *Bugrane rampante.*

CC. — Bords des chemins, champs incultes.
Juin, août. — ♃.

ONONIS COLUMNÆ (Allioni), *Bugrane de Columna.*

R. — Collines calcaires, côteaux secs. — Mai, août. — ♃.
Arrond. de Chartres : Maintenon !
Arrond. de Dreux : abondant sur la côte de Montreuil ! Oulins ! (Brou).
Arrond. de Châteaudun : Varize ! Péronville ! (Duteyeul).

ANTHYLLIS, Anthyllide.

ANTHYLLIS VULNERARIA (Linn.), *Anthyllide vulnéraire.*

Nom pop. : *Vulnéraire.*
AC. — Pelouses sèches des côteaux calcaires.
Mai, juillet. — ♃.
Nogent-le-Roi ! Mézières-en-Drouais ! Ecluselles ! Dreux ! Oulins ! Boncourt. — Nogent-le-Rotrou ! etc.

MEDICAGO, Luzerne.

MEDICAGO SATIVA (Linn.), *Luzerne cultivée.*

Nom pop. : *Luzerne.*
Juin, septembre. — ♃.
Cultivé en grand dans tout le département.

MEDICAGO LUPULINA (Linn.), *Luzerne lupuline.*

Nom pop. : *Minette.*
CC. — Lieux pierreux, bords des chemins.
Mai, octobre. — ① ou ②.

Medicago falcata (Linn.), *Luzerne en faucille.*

Nom. pop. : *Luzerne jaune.*
CC. — Collines sèches, bords des chemins, lieux pierreux.
Mai, octobre. — ♃.

Medicago apiculata (Willdenow), *Luzerne à petites pointes.*

CC. — Champs en friche, moissons, lieux herbeux.
Juin, août. — ①.

Medicago maculata (Willdenow), *Luzerne maculée.*

Nom pop. : *Grand pagnolet.*
C. — Prairies, moissons, lieux herbeux.
Mai, juillet. — ①.

Medicago minima (Lamark), *Luzerne naine.*

C. — Lieux secs, côteaux incultes. — Mai, juillet. — ①.

MELILOTUS, Mélilot.

Melilotus arvensis (Walroth), *Mélilot des champs.*

C. — Lieux cultivés, champs, prairies artificielles.
Juin, août. — ②.

Melilotus officinalis (Villdenow), *Mélilot officinal.*

Nom pop. : *Mélilot.*
C. — Lieux frais, prairies, buissons.
Juin, septembre. — ②.

Melilotus alba (Desrousseaux), *Mélilot blanc.*

R. — Côteaux calcaires arides. — Juillet, août. — ②.
Arrond. de Dreux : côte de Montreuil entre Dreux et Anet !
Arrond. de Châteaudun : bords de l'Yerre près Saint-Denis-les-Ponts (Marquis). — Varize ! (Duteyeul). — Cormainville !

TRIFOLIUM, Trèfle.

TRIFOLIUM INCARNATUM (Linn.), *Trèfle incarnat.*

Nom pop. : *Trèfle farrouch*, et par corruption *faruud.*
Cultivé en prairies artificielles dans tout le département.
Mai, juillet. — ①.

TRIFOLIUM RUBENS (Linn.), *Trèfle rouge.*

R. — Bords des bois des côteaux calcaires.
Juin, juillet. — ♃.

Arrond. de Châteaudun : Châteaudun ! (Daënen, herb.). —
Bois de Saint-Martin à Saint-Denis-les-Ponts ! (Bellamy). — Varize ! (Duteyeul).

TRIFOLIUM MEDIUM (Linn.), *Trèfle intermédiaire.*

R. — Pelouses rases et bois des côteaux calcaires.
Juin, juillet. — ♃.

Arrond. de Dreux : Anet ! Oulins ! (Brou).
Arrond. de Châteaudun : bois de Saint-Martin à Saint-Denis-
les-Ponts !
Env. de Nogent-le-Rotrou ! (Duteyeul).

TRIFOLIUM OCHROLEUCUM (Linn.), *Trèfle jaune.*

R. — Pelouses élevées, bois, lieux herbeux.
Juin, juillet. — ♃.

Arrond. de Dreux : bois Yon ! Oulins ! (Brou).
Arrond. de Nogent-le-Rotrou : Saint-Jean-Pierre-Fixte ! (Duteyeul).

TRIFOLIUM ARVENSE (Linn.), *Trèfle des champs.*

Nom pop. : *Pied de Lièvre.*
CC. — Champs, surtout après la moisson, vignes.
Juillet, septembre. — ①.

β *Gracile*. — Plante beaucoup plus grêle dans toutes ses parties, à dents du calice presque glabres et dépassant la corolle.

Côteaux calcaires arides.

Pelouses sur la lisière du bois Yon à Dreux ! (Daënen, herb.).

TRIFOLIUM STRIATUM (Linn.), *Trèfle strié*.

AC. — Lieux pierreux incultes. — Juin, août. — ④.

Autour de la Tuilerie entre Luisant et Barjouville ! — Dreux ! Nogent-le-Rotrou ! etc.

TRIFOLIUM SCABRUM (Linn.), *Trèfle scabre*.

RR. — Pelouses rases, clairières des bois secs. Mai, juin. — ④.

Arrond. de Châteaudun : Varize ! (Duteyeul).

TRIFOLIUM SUBTERRANEUM (Linn.), *Trèfle souterrain*.

R. — Terrains sablonneux, lieux incultes, bords des chemins. Mai, juillet. — ④.

Arrond. de Chartres : Illiers !

Arrond. de Châteaudun : Conie ! (Duteyeul). — Buttes de la Sablonnière entre Saint-Denis-les-Ponts et Douy ! (Bellamy).

TRIFOLIUM FRAGIFERUM (Linn.), *Trèfle fraise*.

CC. — Bords des chemins, pelouses rases, pâturages. Juin, septembre. — ♃.

TRIFOLIUM GLOMERATUM (Linn.), *Trèfle aggloméré*.

R. — Pelouses sèches sablonneuses. — Mai, juin. — ④.

Arrond. de Châteaudun : Lanneray ! (Daënen). — La Boulidière près Douy ! (Bellamy). — Chemin de Saint-Christophe à Flacey à l'entrée du chemin de Montyon ! (Juillard in herb. Cosson.)

TRIFOLIUM LÆVIGATUM (Desfontaines).

RR. — Pelouses sèches des chemins sablonneux. Mai, juin. — ④.

Arrond. de Châteaudun : Conie ! (Duteyeul). — Env. de Lanneray ! (Juillard in herb. Cosson).

TRIFOLIUM REPENS (Linn.), *Trèfle rampant.*

Nom pop. : *Trèfle blanc.*
CC. — Prairies, pelouses, bords des chemins.
Mai, août. — ♃.

TRIFOLIUM ELEGANS (Savé), *Trèfle élégant.*

RR. — Prairies, bords des eaux. — Juin, juillet. — ♃.
Arrond. de Dreux : bords de l'Avre au hameau d'Estrée !
(Daënen).

TRIFOLIUM FILIFORME (Linn.), *Trèfle filiforme.*

C. — Bords des chemins, pelouses sèches. — Mai, juin. — ④.

TRIFOLIUM PROCUMBENS (Linn.), *Trèfle tombant.*

C. — Lieux herbeux, pelouses, bords des chemins.
Mai, juillet. — ④.

TRIFOLIUM PATENS (Schreber), *Trèfle étalé.*

R. — Prairies humides, lieux tourbeux.
Juin, juillet. — ④.
Arrond. de Dreux : Anet ! (Daënen). — Oulins ! (Brou).
Arrond. de Nogent-le-Rotrou : Saint-Jean-Pierre-Fixte ! (Duteyeul).

TRIFOLIUM AGRARIUM (Linn.), *Trèfle champêtre.*

RR. — Lisière des bois montueux. — Mai, août. — ④.
Env. de Nogent-le-Rotrou (Duteyeul).

TETRAGONOLOBUS, Tétragonolobe.

TETRAGONOLOBUS SILIQUOSUS (Roth), *Tétragonolobe à silique.*

RR. — Lieux tourbeux, prairies humides.

Mai, juillet. — ⚥.
Arrond. de Châteaudun : Saint-Denis-les-Ponts (Marquis).
Env. de Dreux ! (Daënen, herb.).

LOTUS, Lotier.

Lotus corniculatus (Linn.), *Lotier corniculé*.
Noms pop. : — *Cornette, Lotier*.
CC. — Prairies, lieux herbeux, bords des chemins.
Mai, octobre. — ⚥.

Lotus uliginosus (Schkuhr), *Lotier des fanges*.
AC. — Prairies humides, lieux herbeux marécageux.
Juillet, août. — ⚥.

ASTRAGALUS, Astragale.

Astragalus glycyphyllos (Linn.), *Astragale réglisse*.
Nom pop. : *Réglisse sauvage*.
RR. — Bois, forêts, haies, buissons.
Arrond. de Dreux : Forêt d'Anet ! Bois Yon !
Arrond. de Châteaudun : Varize ! (Duteyeul).
Env. de Nogent-le-Rotrou.

PHASEOLUS, Haricot.

Phaseolus vulgaris (Linn.), *Haricot commun*.
Nom pop. : *Haricot*
Très-fréquemment cultivé dans les jardins et les vergers.
Juillet, août. — ①.

VICIA, Vesce.

Vicia sativa (Linn.), *Vesce cultivée*.
Nom pop. : *Vesce*.

Cultivée en grand dans tout le département.
Mai, septembre. — ①.

VICIA ANGUSTIFOLIA (Roth), *Vesce à feuilles étroites.*

C. — Moissons, prairies artificielles, champs cultivés, bords
des bois. — Mai, juin. — ①.

VICIA LATHYROIDES (Linn.), *Vesce fausse gesse.*

RR. — Pelouses rases des terrains sablonneux.
Avril, mai. — ①.
Arrond. de Nogent-le-Rotrou : Croisilles ! (Duteyeul).

VICIA LUTEA (Linn.), *Vesce jaune.*

RR. — Champs maigres, moissons des terrains sablonneux.
Mai, juin. — ①.
Arrond. de Dreux : Faverolles !
Arrond. de Nogent-le-Rotrou : Croisilles ! (Duteyeul).

VICIA NARBONENSIS (Linn.), *Vesce de Narbonne.*

Var. β *Serratifolia.* — RR. — Taillis, endroits découverts
des bois. — Mai, juin. — ①.
Arrond. de Dreux : Bois Yon ! (Daënen), où il devient de
plus en plus rare par suite des déroquements.

VICIA SEPIUM (Linn.), *Vesce des haies.*

CC. — Bois, buissons, taillis. — Avril, octobre. — ♃.

VICIA CRACCA (Linn.), *Vesce cracca.*

CC. — Prairies artificielles, bois, taillis, buissons.
Mai, juillet. — ♃.

VICIA TETRASPERMA (Mœnch), *Vesce à quatre graines.*

CC. — Moissons, champs, buissons. — Mai, juillet. — ♃.

VICIA HIRSUTA (Koch), *Vesce velue.*

CC. — Bois, buissons, taillis. — Mai, août. — ♃.

LENS, Lentille.

LENS ESCULENTA (Mœnch), *Lentille comestible.*

Nom pop. : *Lentille.*

Cultivé çà et là dans les champs. — Juin, juillet. — ④.

PISUM, Pois.

PISUM SATIVUM (Linn.), *Pois cultivé.* — ④.

Cette espèce offre de nombreuses variétés obtenues par la culture et entr'autres les deux suivantes :

Var. α, graines à endocarpe coriace, qui donnent les *Petits pois* ou *Pois sucrés.*

Var. β, graines à endocarpe non coriace, qui portent les noms de *Pois goulus, Pois sans parchemin, Pois mange-tout.*

PISUM ARVENSE (Linn.), *Pois des champs.*

Noms pop. : *Pisaille, Pois de pigeon, Pois carré.*

Assez fréquemment cultivé pour la nourriture des volailles. — ④.

LATHYRUS, Gesse.

LATHYRUS APHACA (Linn.), *Gesse sans feuilles.*

Nom pop. : *Pois de serpent.*

CC. — Champs, moissons. — Juin, août. — ④.

LATHYRUS NISSOLIA (Linn.), *Gesse de Nissolle.*

RR. — Champs sablonneux humides. — Mai, août. — ④.

Arrond. de Nogent-le-Rotrou : Saint-Jean-Pierre-Fixte ! Croisilles, près la propriété de Launay ! (Duteyeul).

LATHYRUS HIRSUTUS (Linn.), *Gesse hérissée.*

R. — Moissons, champs humides. — Mai, septembre. — ④.

Arrond. de Châteaudun : bords du chemin vicinal de Patay, à deux kil. environ de Bonneval ! — Nottonville ! Varize ! (Duteyeul).

Arrond. de Nogent-le-Rotrou : Croisilles, près la propriété de Launay ! (Duteyeul).

LATHYRUS SYLVESTRIS (Linn.), *Gesse sauvage.*

AR. — Bois, taillis, buissons. — Juin, août. — ♃.

Arrond. de Dreux : Oulins ! Anet ! (Brou). — Bois Yon et forêt de Dreux !

Arrond. de Châteaudun : Saint-Denis-les-Ponts ! (Marquis).

Arrond. de Nogent-le-Rotrou : AC. (Duteyeul).

LATHYRUS TUBEROSUS (Linn.), *Gesse tubéreuse.*

Nom pop. : *Gland de terre.*

AC. — Moissons et champs des terrains calcaires.
Juin, août. — ♃.

Arrond. de Chartres : plaine de Saint-Jean à Chartres ! Béville-le-Comte !

Arrond. de Châteaudun : C. dans la plaine autour de la ville ! (L. Vuez). — Jallans ! Varize ! (Duteyeul). — Orgères, où il est assez abondant.

Arrond. de Nogent-le-Rotrou : bords de la route de Berd'huis ! (Duteyeul).

LATHYRUS PRATENSIS (Linn.), *Gesse des prés.*

CC. — Prairies, bois, taillis, buissons. — Juin, août. — ♃.

LATHYRUS SPHÆRICUS (Retz), *Gesse sphérique.*

RR. — Champs calcaires arides. — Mai, juillet. — ①.

Arrond. de Châteaudun : Varize ! Dancy ! Ozoir ! (Duteyeul).

LATHYRUS ANGULATUS (Linn.), *Gesse anguleuse.*

RR. — Champs, moissons des terrains sablonneux.
Mai, juin. — ①.

Arrond. de Châteaudun : Cloyes ! (L. Vuez).

OROBUS, Orobe.

OROBUS TUBEROSUS (Linn.), *Orobe tubéreux.*

CC. — Pelouses montueuses, bois, buissons, taillis.
Avril, juin. — ♃.

OROBUS VERNUS (Linn.), *Orobe du printemps.*

RR. — Bois montueux. — Mars, mai. — ♃.
Arrond. de Châteaudun : bois de Saint-Martin près Douy !
(Bellamy). — Bois de la Roche ! et de Villemore ! (L. Vuez).

CORONILLA, Coronille.

CORONILLA MINIMA (Linn.), *Coronille naine.*

R. — Lieux secs, côteaux calcaires. — Mai, août. — ♃.
Arrond. de Dreux : Oulins ! (Brou). — Côte de Montreuil !
Arrond. de Châteaudun : Varize ! Courbehaye ! — Gibraltar-
Civry ! (Duteyeul).

CORONILLA VARIA (Linn.), *Coronille bigarrée.*

RR. — Côteaux secs calcaires. — Juin, août. — ♃.
Arr. de Dreux : Anet ! Oulins ! (Brou). — Côte de Montreuil !

ORNITHOPUS, Pied-d'oiseau.

ORNITHOPUS PERPUSILLUS (Linn.), *Pied-d'oiseau délicat.*

AC. — Pelouses sèches, lieux sablonneux arides.
Mai, juillet. — ①.
Arrond. de Chartres : Epernon !
Arrond. de Dreux : Anet ! Le Mesnil-Simon ! (Brou).
Arrond. de Châteaudun : Lanneray ! Saint-Denis-les-Ponts !
Arrond. de Nogent-le-Rotrou : C. à Croisilles et dans les alen-
tours ! (Duteyeul).

ORNITHOPUS INTERMEDIUS (Roth), *Pied-d'oiseau intermédiaire.*

RR. — Lieux sablonneux. — Juin, juillet. — ①.
Arrond. de Châteaudun : buttes de la Sablonnière ! (L. Vuez).

HIPPOCREPIS, Hippocrépide.

HIPPOCREPIS COMOSA (Linn.), *Hippocrépide en tête.*

Nom pop. : *Fer à-cheval.*

C. — Côteaux secs, lieux arides, bords des chemins.
Juin, août. — ♃.

ONOBRYCHIS, Sainfoin.

ONOBRYCHIS SATIVA (Lamk), *Sainfoin cultivé.*

Noms pop. : *Sainfoin, Escarpette.*

Cultivé dans tout le département, surtout dans les terres calcaires. — ♃.

FAMILLE DES AMYGDALÉES.

PRUNUS, Prunier.

PRUNUS SPINOSA (Linn.), *Prunier épineux.*

Noms pop : *Prunellier, Epine noire.*

CC. — Haies, taillis, buissons. — Fl. avril, mai. Fr. juillet, septembre. — ♄.

CERASUS, Cerisier.

CERASUS AVIUM (D. C.), *Cerisier des oiseaux.*

Nom pop. : *Merisier.*

CC. — Bois, taillis. — Fl. avril. Fr. juillet. — ♄.

CERASUS MALAHEB (Mill.), *Cerisier Malaheb.*

Nom pop. : *Bois de Sainte-Lucie.*

AC. — Bois, haies des terrains calcaires.
Fl. avril. Fr. juillet. — ♄.

La famille des *Amygdalées* comprend diverses espèces d'arbres fruitiers dont nous donnons ici la nomenclature, avec leurs appellations populaires :

SOUCHES MÈRES.	DÉRIVÉS.	
	NOMS SCIENTIFIQUES.	NOMS POPULAIRES.
Amygdalus Persica (Linn.).	» Var. ϵ lœvis.	Pêcher. Brugnon.
Prunus Armeniaca (Linn.).	Var. α minor. Var. ϵ major.	Abricot précoce. Abricot.
Prunus domestica (Linn.). Prunus insititia (Linn.).	»	Prune abricotée, Drap d'or, Mirabelle, Reine-Claude, Damas, Monsieur, Pruneau de Tours, etc.
Prunus avium (Linn.).	Prunus avium Var. ϵ et γ (Linn.). Cerasus duracina (Ser.)	Bigarreau rouge hâtif, Cœur-de-Pigeon, Bigarreau tardif, B. blanc, B. noir, B. piquant, Cerise de Norwège, etc.
	Prunus avium, var. ϵ (Linn.). Cerasus Juliana (Ser.)	Guigne rouge, Guigne de dure peau, Bigandelle, Cerise de Pentecôte, Cœur-de-poule, etc.
Prunus cerasus (Linn.).	Cerasus Caproniana (D. C.).	Cerise de Montmorency, Guindoux de Paris, Guindolle, Cerise d'Italie, Griot marasquin, etc.
	Cerasus Gobetta (Ser.)	Cerise à courte queue, Amarelle, Griotte rouge, Gros-Gobet, etc.
	Cerasus Griotta (Ser.)	Grosse-Griotte, Griotte noire, Griotte à ratafia, Griotte à l'eau-de-vie, Cerise de Prusse, Guindoux de Poitou, etc.
Prunus lauro-cerasus (Linn.).	»	Laurier-cerise, Laurier amandier, Laurier lait, Laurier aux crêmes.

FAMILLE DES ROSACÉES.

SPIRÆA, Spirée.

SPIRÆA FILIPENDULA (Linn.), *Spirée filipendule.*

Nom pop. : *Filipendule.*
AC. — Prairies humides. — Juin, juillet. — ♃.

SPIRÆA ULMARIA (Linn.), *Spirée ulmaire.*

Nom pop. : *Reine des prés.*
CC. — Prairies, bords des eaux. — Juin, août. — ♃.

GEUM, Benoite.

GEUM URBANUM (Linn.), *Benoite commune.*

Nom. pop. : *Benoite.*
CC. — Buissons, lieux frais, lisières des bois.
Juin, juillet. — ♃.

POTENTILLA, Potentille.

POTENTILLA FRAGARIASTRUM (Ehrhart), *Potentille fraisier.*

Noms pop. : *Faux-fraisier, Fraisier stérile.*
C. — Taillis, bords des bois, pelouses montueuses.
Avril, mai. — ♃.

POTENTILLA SPLENDENS (Ramond), *Potentille élégante.*

RR. — Bois secs, bruyères sablonneuses. — Mai, juin. — ♃.
Arrond. de Dreux : Oulins ! (Brou). — La Ronce près Anet !

POTENTILLA VERNA (Linn.), *Potentille printanière.*

CC. — Pelouses sèches, bords des chemins.
Avril, juin. — ♃.

POTENTILLA TORMENTILLA (Nestler), *Potentille tormentille.*

Nom pop. : *Tormentille.*
CC. — Bois, taillis, bruyères. — Mai, juillet. — ♃.

POTENTILLA REPTANS (Linn.), *Potentille rampante.*

Nom pop. : *Quintefeuille.*
CC. — Bords des fossés et des chemins. — Mai, août. — ♃.

POTENTILLA ANSERINA (Linn.), *Potentille ansérine.*

Nom pop. : *Argentine.*
C. — Bords des chemins herbeux, bords des fossés, berges des rivières. — Mai, juillet. — ♃.

POTENTILLA SUPINA (Linn.), *Potentille couchée.*

R. — Bords des étangs, lieux sablonneux humides. Juillet, août. — ♃.
Arrond. de Chartres: Blanville près Courville ! (Duteyeul).
Arrond. de Dreux: étang de Tardais ! Marais des Evées !
Arrond. de Châteaudun : étang du Grand-Gallas près Arrou ! (Daënen, herb.). — L'étang est aujourd'hui desséché !

POTENTILLA ARGENTEA (Linn.), *Potentille argentée.*

C. — Bords des chemins, lieux pierreux, côteaux secs. Juin, juillet. — ♃.

COMARUM, Comaret.

COMARUM PALUSTRE (Linn.), *Comaret palustre.*

Nom pop. : *Quintefeuille des marais.*
RR. — Prairies marécageuses, marais tourbeux. Juin, juillet. — ♃.
Arrond. de Dreux : Oulins (Brou). — Étang de Tardais près Senonches !
Étang de Guipéreux !

FRAGARIA, Fraisier.

FRAGARIA VESCA (Linn.), *Fraisier de table.*

Nom pop. : *Fraisier.*

CC. — Bois, pelouses montueuses, côteaux herbeux.
Avril, juin. — ♃.

FRAGARIA MAGNA (Thuillier), *Fraisier câperonnier.*

R. — Endroits herbeux et ombragés des bois montueux.
Mai, juin. — ♃.
Arrond. de Chartres : bois de Chavannes !
Arrond. de Dreux : forêt de Dreux au-dessus de Boncourt !
(Brou).
Arrond. de Châteaudun : Varize ! (Duteyeul).

FRAGARIA COLLINA (Ehrhart), *Fraisier des collines.*

Nom pop. : *Fraisier Breslinge.*

RR. — Bois montueux, collines herbeuses. — Mai, juin. — ♃.

Arrond. de Chartres : abondant à Saint-Prest et à Oisème !
(Vigineix).

RUBUS, Ronces.

RUBUS FRUTICOSUS (Linn.), *Ronce arbrisseau.*

Noms pop. : *Ronce, Mûrier des haies.*

Juin, juillet. — ♄.

Var. α *Discolor.* — CC. — Bords des chemins, buissons.

Var. β *Corylifolius.* — C. — Haies, taillis, lisières des bois.

Var. γ *Glandulosus.* — R. — Haies, bois, lieux ombragés
humides. — Assez abondant dans le Perche !

RUBUS CÆSIUS (Linn.), *Ronce bleue.*

AC. — Haies, buissons, bords des bois. — Juin, juillet. — ♄.

Obs. — Les *Rubus* du département, surtout ceux que l'on trouve
si abondamment dans toute la région du Perche, doivent être l'objet
d'une étude plus approfondie.

ROSA, Rosier.

Rosa canina (Linn.), *Rosier de chien.*

Nom pop. : *Églantier sauvage.*

Var. α *Genuina.* — CC. — Bois, haies, buissons. Juin. — ♄.

Var. β *Andegavensis.* — RR. — Buissons du Perche! (Duteyeul). — Juillet. — ♄.

Var. γ *Dumetorum.* — C. — Haies, bois, taillis. Juin. — ♄.

Rosa arvensis (Hudson), *Rosier des champs.*

C. — Haies, buissons des côteaux incultes. — Juin. — ♄.

Rosa pomifera (Herm.), *Rosier pommier.*

RR. — Buissons, haies, taillis. — Juin, juillet. — ♄.

Arrond. de Nogent-le-Rotrou : entre Nogent et Saint-Hilaire ! (Duteyeul).

Rosa rubiginosa (Linn.), *Rosier rouillé.*

C. — Haies, buissons. — Juin. — ♄.

Rosa eglanteria (Linn.), *Rosier églantier.*

RR. — Naturalisé aux environs de Dreux ! (Daënen, herb.), de Varize ! (Duteyeul) et de Châteaudun, au Mail ! (L. Vuez). — Juin. — ♄.

AGRIMONIA, Aigremoine,

Agrimonia eupatoria (Linn.), *Aigremoine eupatoire.*

CC. — Bords des chemins, lieux herbeux. — Juin, août. — ♃

POTERIUM, Pimprenelle.

Poterium sanguisorba (Linn.), *Pimprenelle commune.*

Nom pop. : *Pimprenelle.*

CC. — Pelouses montueuses, prairies artificielles.
Mai, juin. — ♃.

ALCHEMILLA, Alchemille.

ALCHEMILLA ARVENSIS (Scopoli), *Alchemille des champs*.

Nom pop. : *Perce-pierre des champs*.
CC. — Champs, moissons, prairies artificielles.
Mai, juin. — ①.

FAMILLE DES POMACÉES.

MESPILUS, Néflier.

MESPILUS GERMANICA (Linn.), *Néflier d'Allemagne*.

Nom pop. : *Néflier*.
C. — Bois, taillis. — Fl. mai. Fr. septembre. — ♄.

CRATÆGUS, Aubépine.

CRATÆGUS OXYACANTHA (Linn.), *Aubépine commune*.

Noms pop. : *Épine blanche, Aubépine, Chenelle*.

α *Vulgaris*. — CC. — Haies, buissons.
Fl. mai. Fr. septembre, octobre. — ♄.

β *Oxyacanthoïdes*. — C. — Avec la var. α, mais fleurit
15 ou 20 jours plus tard.

CYDONIA, Cognassier.

CYDONIA VULGARIS (Pers.), *Cognassier commun*.

Nom pop. : *Cognassier*.
Cultivé, pour son fruit alimentaire. Subspontané, çà et là,
dans les haies et les taillis de la plaine.
Fl. avril, mai. Fr. septembre, octobre. — ♄.

PYRUS, Poirier.

Pyrus communis (Linn.), *Poirier commun.*

C. — Bois, taillis. — Fl. avril. Fr. septembre. — ♄.

Cette espèce, dont le fruit varie à l'infini par la culture, est surtout abondante dans le Perche, où elle donne par la fermentation le *Poiré*, boisson estimée dans le pays.

Pyrus malus (Linn.), *Poirier pommier.*

Noms pop. : *Doucin, Pommier doux.*
AC. — Bois, taillis. — Fl. mai. Fr. septembre, octobre. — ♄.

Pyrus acerba (D. C.), *Poirier acerbe.*

Noms pop. : *Pommier à cidre, Aigrin.*
C. — Bois, taillis, forêts.
Fl. mai. Fr. septembre, octobre. — ♄.

Cette espèce est surtout particulière à la Beauce et donne le *Cidre*, boisson très-estimée dans les fermes.

SORBUS, Sorbier.

Sorbus domestica (Linn.), *Sorbier domestique.*

Nom pop. : *Cormier.*
AC. — Bois, taillis, forêts. — Fl. mai. Fr. septembre. — ♄.
Forêt de Dreux! Faverolles! Châteauneuf! Châteaudun! etc.

Sorbus aucuparia (Linn.), *Sorbier des oiseleurs.*

Nom pop. : *Sorbier.*
RR. — Bois et forêts montueuses.
Fl. mai. Fr. septembre, octobre. — ♄.
Arrond. de Dreux : bois Yon! (Daënen). — Forêt de Châteauneuf! (Duteyeul).

SORBUS TORMINALIS (Crantz), *Sorbier torminal.*

Nom pop. : *Alisier des bois.*

R. — Bois, forêts. — Fl. mai. Fr. septembre. — ♄.

Arrond. de Dreux : Châteauneuf! forêt de Dreux!
Arrond. de Châteaudun : Varize! (Duteyeul).
Arrond. de Nogent-le-Rotrou : AC. (Duteyeul).

FAMILLE DES ONAGRARIÉES.

EPILOBIUM, Epilobe.

EPILOBIUM PALUSTRE (Linn.), *Epilobe des marais.*

RR. — Prairies marécageuses, bruyères tourbeuses au bord
des étangs. — Juillet, août. — ♃.

Arrond. de Dreux : Senonches!
Arrond. de Châteaudun : Conie! (Duteyeul).

EPILOBIUM TETRAGONUM (Linn.), *Epilobe tétragone.*

AC. — Lieux humides, bords des eaux, fossés.
Juin, août. — ♃.

EPILOBIUM MONTANUM (Linn.), *Epilobe de montagne.*

C. — Bois élevés, taillis ombragés. — Juin, août. — ♃.

EPILOBIUM PARVIFLORUM (Schreber), *Epilobe à petites fleurs.*

CC. — Lieux humides, fossés, bords des eaux. — Juin. — ♃.

EPILOBIUM HIRSUTUM (Linn.), *Epilobe hérissé.*

CC. — Fossés, bords des eaux, lieux herbeux humides.
Juillet. — ♃.

EPILOBIUM SPICATUM (Lamarck), *Epilobe à épi.*

Noms pop. — *Epilobe, Osier fleuri. Laurier de Saint-Antoine.*

R. — Bois montueux, lieux pierreux ombragés.
Juillet, août. — ♃.

Arrond. de Chartres : Épernon ! — Courville ! (Duteyeul).

Arrond. de Dreux : forêt de Senonches ! La Ferté-Vidame autour du château ! forêt de Dreux près Saint-Georges ! Sorel-Moussel !

Arrond. de Châteaudun : bords de la Conie entre Varize et Nottonville !

Arrond. de Nogent-le-Rotrou : lisières des bois de Condeau ! (Duteyeul).

Forêt de Bellême ! sur les limites de l'Orne et d'Eure-et-Loir.

ÆNOTHERA, Onagre.

ÆNOTHERA BIENNIS (Linn.), *Onagre bisannuelle.*

Noms pop. : *Onagre, Herbe aux ânes.*

RR. — Lieux sablonneux humides. — Juin, juillet. — ②.

Arrond. de Dreux : Oulins ! (Brou). — La Gadelière près Rueil ! (Daënen, herb.).

Arrond. de Nogent-le-Rotrou : Saint-Jean-Pierre-Fixte ! (Duteyeul).

ISNARDIA, Isnardie.

ISNARDIA PALUSTRIS (Linn.), *Isnardie des marais.*

RR. — Marais, bords des ruisseaux, lieux tourbeux. Juillet. — ♃.

Arrond. de Châteaudun : Brou ! (Duteyeul). — Assez abondant autour du château de la Perrine, commune de Saint-Christophe ! (Juillard in herb. Cosson.)

CIRCÆA, Circée.

CIRCÆA LUTETIANA (Linn.), *Circée Parisienne.*

Noms pop. : *Circée, Herbe aux magiciennes.*

CC. — Bords des ruisseaux ombragés, lieux humides. Juillet. — ♃.

Famille des HALORAGÉES.

MYRIOPHYLLUM, Volant d'eau.

Myriophyllum verticillatum (Linn.), *Volant d'eau verticillé.*
C. — Mares, fossés, eaux tranquilles. — Juin, juillet. — ♃.

Myriophyllum spicatum (Linn.), *Volant d'eau en épi.*
CC. — Mares, fossés, eaux tranquilles. — Juin, juillet. — ♃.

Myriophyllum alterniflorum (D. C.), *Volant d'eau à fleurs alternes.*
RR. — Eaux stagnantes. — Juillet, août. — ♃.
Arrond. de Chartres : marais de l'aqueduc de Louis XIV à Berchères-la-Maingot !
Arrond. de Dreux : étang de Tardais ! (Duteyeul).

Famille des HIPPURIDÉES.

HIPPURIS, Hippuride.

Hippuris vulgaris (Linn.), *Hippuride commune.*
Noms pop. : *Pesse, Pin d'eau.*
R. — Fossés, rivières à courant peu rapide.
Juillet, août. — ♃.
Arrond. de Chartres : Jouy-sur-Eure (Vigineix). — Maintenon, fossés du parc !
Arrond. de Châteaudun : Cloyes ! Montigny-le-Gannelon ! — Douy ! (Bellamy).

Famille des CALLITRICHINÉES.

CALLITRICHE, Callitrique.

CALLITRICHE AQUATICA (Huds.), *Callitrique aquatique.*

Nom pop. : *Étoile d'eau.*
Juin, juillet. — ♃.

α *Obovata.* — CC. — Ruisseaux, fontaines, eaux limpides.

β *Terrestris.* — C. — Bords des mares, lieux humides, bords des fontaines.

Famille des CÉRATOPHYLLÉES.

CERATOPHYLLUM, Cératophylle.

CERATOPHYLLUM SUBMERSUM (Linn.), *Cératophylle submergé.*

RR. — Étangs, flaques d'eau, prairies marécageuses.
Juin, août. — ①.
Arrond. de Châteaudun : Nottonville! Courbehaye! (Duteyeul).

CERATOPHYLLUM DEMERSUM (Linn.), *Cératophylle nageant.*

Nom pop. : *Cornifle.*
C. — Mares, eaux stagnantes, fossés, étangs.
Juillet, août. — ①.

Famille des LYTHRARIÉES.

LYTHRUM, Salicaire.

Lythrum salicaria (Linn.), *Salicaire commune.*

Nom pop. : *Salicaire.*

CC. — Fossés, prairies, bords des eaux, lieux marécageux.
Juin, juillet. — ♃.

Lythrum hyssopifolia (Linn.), *Salicaire à feuille d'hyssope.*

RR. — Champs sablonneux humides. — Juin, juillet. — ①.

Arrond. de Dreux : Cussey, commune de Montreuil ! (Daënen, herb.).

Arrond. de Châteaudun : bords du chemin vicinal de Patay, à deux kil. de Bonneval ! — Dancy ! (Duteyeul).

Arrond. de Nogent-le Rotrou : lisières du bois de Condeau ! (Duteyeul).

PEPLIS, Péplide.

Peplis portula (Linn.), *Péplide pourpier.*

Nom pop. : *Péplide.*

CC. — Lieux inondés, bords des mares et des étangs.
Juin, juillet. — ①.

Famille des CUCURBITACÉES.

BRYONIA, Bryone.

Bryonia dioica (Jacq.), *Bryone dioïque.*

Noms pop. : *Bryone, Navet du diable, Couleuvrée.*
CC. — Haies, buissons. — Mai, juillet. — ♃.

Famille des PORTULACÉES.

PORTULACA, Pourpier.

Portulaca oleracea (Linn.), *Pourpier potager*.

Nom pop. : *Pourpier*.
C. — Vignes, jardins en friche, décombres.
Juin, septembre. — ①.

MONTIA, Montie.

Montia minor (Gmelin), *Montie petite*.

RR. — Bords des ruisseaux et des mares.
Juin, juillet. — ♃.
Arrond. de Dreux : La Chaussée-d'Yvry! Oulins! (Brou). —
Mézières-en-Drouais! (Daënen). — Senonches !
Arrond. de Nogent-le-Rotrou : Villebon !

Famille des PARONYCHIÉES.

ILLECEBRUM, Illecèbre.

Illecebrum verticillatum (Linn.), *Illécèbre verticillé*.

RR. — Champs sablonneux humides. — Juillet, août. — ①.
Arrond. de Dreux : Senonches! — Tardais !

HERNIARIA, Herniaire.

Herniaria glabra (Linn.), *Herniaire glabre*.

Noms pop. : *Herniaire, Herbe aux hernies*.
CC. — Champs, lieux pierreux incultes. — Juin, juillet. — ♃.

HERNIARIA HIRSUTA (Linn.), *Herniaire velue.*

CC. — Champs, lieux pierreux incultes. — Juin, juillet. — ♃.

CORRIGIOLA, Corrigiole.

CORRIGIOLA LITTORALIS (Linn.), *Corrigiole des rivages.*

RR. — Champs sablonneux humides. — Juillet, août. — ①.

Arrond. de Dreux : Tardais près Senonches !

Env. du château de Glaye ! (Orne), sur les limites d'Eure-et-Loir (Deschamps).

SCHLERANTHUS, Schléranthe.

SCHLERANTHUS ANNUUS (Linn.), *Schléranthe annuelle.*

CC. — Champs, moissons. — Juin, juillet. — ①.

FAMILLE DES CRASSULACÉES.

TILLÆA, Tillée.

TILLÆA MUSCOSA (Linn.), *Tillée moussue.*

RR. — Allées des bois sablonneux. — Juin, juillet. — ①.

Arrond. de Dreux : forêts de Dreux (Daënen) et de Senonches !

SEDUM, Sédum.

SEDUM TELEPHIUM (Linn.), *Sédum orpin.*

Noms pop. : *Orpin, Herbe à la coupure.*

CC. — Bois humides, taillis, buissons. — Juillet, août. — ♃.

SEDUM CEP.ÆA (Linn.), *Sédum faux-oignon.*

C. — Lieux sablonneux, buissons, berges des chemins creux.
Juillet, août. — ①.

SEDUM ALBUM (Linn.), *Sédum blanc.*

Nom pop. : *Trique-Madame.*

CC. — Lieux pierreux, murgers, vieux murs.
Juillet, août. — ♃.

SEDUM DASYPHYLLUM (Linn.), *Sédum à feuilles épaisses.*

Cette espèce n'existe pas à ma connaissance dans Eure-et-Loir; mais elle se rencontre près de nos limites à Évreux (Chesnon, in Coss. et Germ., fl. par.), et à Rambouillet sur les murs de l'hôpital !

SEDUM ACRE (Linn.), *Sédum âcre.*

Noms pop. : *Poireau de muraille, Vermiculaire.*

CC. — Toits de chaume, vieux murs, lieux pierreux, murgers. — Juin, juillet. — ♃.

SEDUM REFLEXUM (Linn.), *Sédum réfléchi.*

CC. — Vieux murs, lieux pierreux, murgers.
Juin, juillet. — ♃.

SEDUM ELEGANS (Lejeune), *Sédum élégant.*

RR. — Lieux sablonneux, talus des chemins creux.
Juillet, août. — ♃.

Arrond. de Châteaudun : bois de la Roche près Douy ! La Sablonnière, entre Douy et Saint-Denis-les-Ponts ! (Bellamy).

SEMPERVIVUM, Joubarbe.

SEMPERVIVUM TECTORUM (Linn.), *Joubarbe des toits.*

Nom pop. : *Joubarbe.*

CC. — Murs, toits de chaume. — Août, septembre. — ♃.

Famille des GROSSULARIÉES.

RIBES, Groseillier.

RIBES UVA-CRISPA (D. C.), *Groseillier épineux.*

Nom pop. : *Groseillier à maquereau.*
AC. — Haies, buissons. — Avril, mai. — ♄.

RIBES RUBRUM (Linn.), *Groseillier rouge.*

Nom pop. : *Groseillier à grappes.*
CC. — Haies, buissons, bois humides, croît quelquefois dans le terreau des saules étêtés. — Avril. — ♄.

Famille des SAXIFRAGÉES.

SAXIFRAGA, Saxifrage.

SAXIFRAGA TRIDACTYLITES (Linn.), *Saxifrage à trois doigts.*

Nom pop. : *Perce-pierre.*
CC. — Vieux murs, toits de chaume, lieux pierreux.
Mars, avril. — ①.

SAXIFRAGA GRANULATA (Linn.), *Saxifrage granulé.*

C. — Lieux pierreux, côteaux herbeux, toits de chaume, bois découverts. — Avril, mai. — ♃.

FAMILLE DES OMBELLIFÈRES.

DAUCUS, Carotte.

DAUCUS CAROTA (Linn.), *Carotte commune*.

Nom pop. : *Carotte sauvage.*
CC. — Bords des champs, lieux incultes, moissons.
Juillet, août. — ②.

TURGENIA, Turgénie.

TURGENIA LATIFOLIA (Hoffm.), *Turgénie à larges feuilles.*

R. — Côteaux crayeux, moissons maigres des terres calcaires.
Juillet, août. — ①.
Arrond. de Dreux : Montreuil! Anet! — Oulins! (Brou).
Arrond. de Châteaudun : Jallans! Varize! Bazoches-en-Dunois! etc. — Assez abondant d'ailleurs dans toute la Beauce Dunoise! (Duteyeul).

CAUCALIS, Caucalide.

CAUCALIS DAUCOIDES (Linn.), *Caucalide à feuilles de carotte.*

R. — Moissons maigres des terres sablonneuses ou calcaires.
Juin, août. — ②.
Arrond. de Dreux : Montreuil! Faverolles! — Oulins! (Brou).
Env. de Nogent-le-Rotrou! (Duteyeul).

TORILIS, Torilis.

TORILIS ANTHRISCUS (Gmel.), *Torilis anthrisque.*

CC. — Haies, buissons, bords des chemins.
Juin, juillet. — ②.

Tᴏʀɪʟɪs ɪɴꜰᴇsᴛᴀ (Duby), *Torilis des champs.*

C. — Lieux pierreux, bords des chemins dans les terres argileuses ou calcaires. — Juin, juillet. — ①.

Tᴏʀɪʟɪs ɴᴏᴅᴏsᴀ (Gaërtn.), *Torilis à fleurs latérales.*

AC. — Pied des murs, bords des chemins, décombres. Juillet, août. — ①.

ANGELICA , Angélique.

Aɴɢᴇʟɪᴄᴀ sʏʟᴠᴇsᴛʀɪs (Linn.), *Angélique sauvage.*

CC. — Prairies, bois humides, bords des eaux. Juillet, août. — ♃.

SELINUM , Sélin.

Sᴇʟɪɴᴜᴍ ᴄᴀʀᴠɪꜰᴏʟɪᴀ (Linn.), *Sélin à feuilles de carvi.*

R. — Prairies marécageuses. — Juillet, septembre. — ♃.
Arrond. de Dreux : Cherizy ! (Daënen). — Tardais ! Senonches !
Arrond. de Chartres : tourbières de Béville-le-Comte !.
Arrond. de Châteaudun : la Conie ! sources de l'Aigre !
Arrond. de Nogent-le-Rotrou : Authon ! (Duteyeul).

PEUCEDANUM , Peucédane.

Pᴇᴜᴄᴇᴅᴀɴᴜᴍ Pᴀʀɪsɪᴇɴsᴇ (D. C.) *Peucédane de Paris.*

Nom pop. : *Peucédan.*
AC. — Taillis, lisières des bois. — Juillet, septembre. — ♃.
Arrond. de Chartres : Soulaires ! Maintenon ! Bailleau-l'Evéque ! Epernon ! etc.
Arrond. de Dreux : forêt de Dreux ! (Daënen). — Bois Yon ! Oulins ! Senonches !
Arrond. de Châteaudun : bois de Saint-Martin à Saint-Denis-les-Ponts ! etc.
Env. de Nogent-le-Rotrou ! (Duteyeul).

Peucedanum cervaria (Lapeyr.), *Peucédane des cerfs.*

RR. — Côteaux calcaires herbeux élevés.
Août, octobre. — ♃.

Arrond. de Dreux : abondant sur la lisière de la forêt de Dreux, au sommet du côteau qui domine Montreuil !

PASTINACA , Panais.

Pastinaca sylvestris (D. C.), *Panais sauvage.*

C. — Bords des chemins, vignes, côteaux secs des terres calcaires. — Juillet, août. — ①.

HERACLEUM , Berce.

Heracleum spondylium (Linn.), *Berce Branc-ursine.*
Nom pop. : *Berce.*
CC. — Prairies, bords des fossés, bois humides.
Juillet, septembre. — ②.

TORDYLIUM , Tordyle.

Tordylium maximum (Linn.), *Tordyle élevé.*

AC. — Bords des chemins, côteaux pierreux, vignes des terrains argilo-calcaires. — Juillet, août. — ④.

SILAUS , Silaüs.

Silaus pratensis (Bess.), *Silaüs des prés.*
Nom pop. : *Cumin des prés.*
CC. — Bords des fossés, prairies humides.
Juillet, septembre. — ♃.

SESELI , Séséli.

Seseli montanum (Linn.), *Séséli des montagnes.*

C. — Bords des chemins, côteaux herbeux, surtout dans les terrains calcaires. — Juillet, août. — ♃.

Seseli libanotis (Koch), *Séséli libanotide.*

RR. — Côteaux calcaires arides. — Août, septembre. — ♃.
Arrond. de Dreux : Anet ! (Daënen). — Boncourt ! (Brou).

ÆTHUSA , Ethuse.

Æthusa cynapium (Linn.), *Ethuse ache-des-chiens.*

Noms pop. : *Faux persil, Petite Ciguë.*
CC. — Lieux frais, champs, pied des murs, villages.
Juillet, septembre. — ①.

ŒNANTHE , Œnanthe.

Œnanthe fistulosa (Linn.), *Œnanthe fistuleuse.*

C. — Bords des mares, fossés, prairies marécageuses.
Juillet, août. — ♃.

Œnanthe Lachenalii (Gmel.), *Œnanthe de Lachenal.*

RR. — Prairies spongieuses. — Juillet, septembre. — ♃.
Arrond. de Chartres : La Villette ! Saint-Prest !
Arrond. de Dreux : Cherizy ! (Daënen).
Arrond. de Nogent-le-Rotrou : Saint-Jean-Pierre-Fixte ! (Du-
teyeul).

Œnanthe peucedanifolia (Pollich.), *Œnanthe à feuilles de
peucédane.*

Nom pop. : *Filipendule aquatique.*
C. — Prairies marécageuses, fossés. — Juillet, août. — ♃.

Œnanthe phellandrium (Lamk.), *Œnanthe phellandre.*

Nom pop. : *Ciguë d'eau.*
AC. — Etangs, fossés, marais. — Août, septembre. — ♃.

BUPLEURUM, Buplèvre.

BUPLEURUM ROTUNDIFOLIUM (Linn.), *Buplèvre à feuilles rondes.*

RR. — Champs calcaires arides. — Juillet, août. — ④.

Arrond. de Châteaudun : Villiers-Saint-Orien ! Nottonville ! Lutz ! (Duteyeul).

BUPLEURUM ARISTATUM (Bartl.), *Buplèvre aristé.*

RR. — Côteaux calcaires arides. — Juillet, août. — ♃.

Arrond. de Châteaudun : Elumignon près Varize ! Lutz ! (Du-. teyeul).

BUPLEURUM FALCATUM (Linn.), *Buplèvre en faulx.*

Nom pop. : *Oreille de lièvre.*

C. — Bords des chemins, côteaux incultes, surtout des terrains calcaires. — Août, septembre. — ♃.

SIUM, Berle.

SIUM ANGUSTIFOLIUM (Linn.), *Berle à petites feuilles.*

CC. — Ruisseaux, fossés, fontaines. Juillet, septembre. — ♃.

PIMPINELLA, Boucage.

PIMPINELLA MAGNA (Linn.), *Boucage à grandes feuilles.*

Nom pop. : *Persil de Bouc.*

AR. — Buissons ombragés humides. — Juillet, août. — ♃.
Arrond. de Chartres : Maintenon !
Arrond. de Dreux : Tardais, derrière le moulin !
Assez abondant dans le Perche ! (Duteyeul).

Pimpinella saxifraga (Linn.), *Boucage saxifrage*.

CC. — Pelouses sèches, bords des chemins.
Juin, août. — ♃.

β *Dissecta*. — Feuilles découpées en lobes linéaires.
Cette variété est, dans plusieurs localités, plus abondante que
le type.

CARUM, Carum.

Carum verticillatum (Koch), *Carum verticillé*.

R. — Lieux marécageux, prairies tourbeuses, bords des
étangs. — Juillet, septembre. — ♃.
Arrond. de Dreux : Senonches! marais des Evées! La Ferté-
Vidame! Tardais!
Arrond. de Chartres : Béville-le-Comte!
Arrond. de Châteaudun : Lanneray!
Arrond. de Nogent-le-Rotrou : Condeau! (Duteyeul). — Étang
de Thiron!

Carum bulbocastanum (Koch), *Carum noir-de-terre*.

Noms pop. : *Terre-noix, Moinson*.
RR. — Champs maigres des terrains calcaires.
Juillet, septembre. — ♃.
Arrond. de Chartres : entre Champseru et Umpeau! (Brou).
Arrond. de Châteaudun : Varize! (Duteyeul). — Assez abon-
dant dans la Beauce Dunoise.

ÆGOPODIUM, Égopode.

Ægopodium podagraria (Linn.), *Egopode des goutteux*.

Nom pop. : *Herbe-aux-Goutteux*.
AR. — Lieux frais ombragés, haies humides, voisinage des
habitations. — Juillet, septembre. — ♃.
Arrond. de Chartres : les Grands-Prés! Fontaine-Bouillant!
Gallardon!
Arrond. de Dreux : Boncourt! (Brou).

Arrond. de Nogent-le-Rotrou : Saint-Jean-Pierre-Fixte ! (Duteyeul).

Arrond. de Châteaudun : Varize ! (Duteyeul).

AMMI, Ammi.

AMMI MAJUS (Linn.), *Ammi majeur*.

R. — Champs arides, moissons, prairies artificielles. Juillet, septembre. — ①.

Arrond. de Chartres : Illiers ! Courville !

Arrond. de Nogent-le-Rotrou : Brou ! Authon ! (Duteyeul).

SISON, Sison.

SISON AMOMUM (Linn.), *Sison amome*.

RR. — Haies, buissons humides. — Juillet, août. — ②.

Arrond. de Dreux : Châteauneuf !

HELOSCIADIUM, Helosciadie.

HELOSCIADIUM NODIFLORUM (Koch), *Hélosciadie à ombelles sessiles*.

CC. — Ruisseaux, fossés, fontaines. — Juillet, août. — ♃.

HELOSCIADIUM REPENS (Koch), *Hélosciadie rampante*.

RR. — Prairies marécageuses. — Juillet, août. — ♃.

Arrond. de Dreux : Cherizy ! (Daënen) — Oulins ! (Brou).

HELOSCIADIUM INUNDATUM (Koch), *Hélosciadie inondée*.

RR. — Marais, étangs, fossés tourbeux. Juillet, août. — ♃.

Arrond. de Chartres : Théleville près Berchères-la-Maingot, dans les fouilles creusées sous Louis XIV !

Arrond. de Dreux : étang de Tardais, où il est assez abondant !

Arrond. de Châteaudun : Yèvres ! (Duteyeul).

TRINIA, Trinie.

TRINIA VULGARIS (D. C.), *Trinie commune.*

RR. — Côteaux calcaires arides. — Août, septembre. — ②.

Arrond. de Dreux : Anet! (Daënen). — Oulins! (Brou). — Bois de Rozeux près Sorel-Moussel! (Daënen, herb.).

PETROSELINUM, Persil.

PETROSELINUM SATIVUM (Hoffm.), *Persil cultivé.*

Nom pop. : *Persil.*

Cultivé dans les potagers. — Juillet, août. — ① ②.

PETROSELINUM SEGETUM (Koch), *Persil des moissons.*

RR. — Bords des chemins, champs pierreux. Juillet, août. — ④ ②.

Arrond. de Chartres : la Croix-Jumelin !

Arrond. de Nogent-le-Rotrou : Condeau ! (Duteyeul).

SCANDIX, Scandix.

SCANDIX PECTEN-VENERIS (Linn.), *Scandix peigne-de-Vénus.*

Nom pop. : *Peigne-de-Vénus.*

CC. — Champs, moissons, prairies artificielles. Juin, août. — ④.

ANTHRISCUS, Anthrisque.

ANTHRISCUS VULGARIS (Pers.), *Anthrisque commune.*

Noms pop. : *Ciguë sauvage, Faux-cerfeuil.*

CC. — Lieux incultes, décombres, pieds des murs. Mai, juillet. — ④.

Anthriscus sylvestris (Hoffm.), *Anthrisque sauvage.*

C. — Haies, buissons, décombres, talus des promenades, bords des fossés, cimetières. — Mai, juillet. — ♃.

CONOPODIUM, Conopode.

Conopodium denudatum (Koch), *Conopode dénudé.*

RR. — Bois découverts, taillis. — Juin, juillet. — ♃.

Arrond. de Dreux : bois Yon près Dreux ! où il est très-rare, et où il tend à disparaître par suite des défrichements que l'on y opère

Arrond. de Nogent-le-Rotrou : Manou ! Saint-Eliph ! (Duteyeul).

CHÆROPHYLLUM, Cerfeuil.

Chærophyllum temulum (Linn.), *Cerfeuil penché.*

Nom pop. : *Cerfeuil bâtard.*
CC. — Haies, buissons, taillis, bords des haies.
Juillet, septembre. — ②.

CONIUM, Ciguë.

Conium maculatum (Linn.), *Ciguë tachetée.*

Noms pop. : *Ciguë officinale, Grande ciguë.*
CC. — Pied des murs, villages, décombres, lieux incultes.
Juillet, août. — ②.

HYDROCOTYLE, Hydrocotyle.

Hydrocotyle vulgaris (Linn.), *Hydrocotyle commune.*

Nom pop. : *Ecuelle d'eau.*
C. — Marais, lieux tourbeux, prairies humides.
Juin, août. — ♃.

ERYNGIUM, Panicaut.

ERYNGIUM CAMPESTRE (Linn.), *Panicaut champêtre.*

Noms pop. : *Panicaut, Chardon Roland.*
CC. — Bords des chemins et des routes, côteaux incultes.
Août, octobre. — ♃.

SANICULA, Sanicle.

SANICULA EUROPÆA (Linn.), *Sanicle d'Europe.*

Nom pop. : *Sanicle.*
C. — Bois ombragés humides. — Juillet, août. — ♃.

FAMILLE DES ARALIACÉES.

HEDERA, Lierre.

HEDERA HELIX (Linn.), *Lierre grimpant.*

Nom pop. : *Lierre.*
CC. — Troncs d'arbres, vieux murs. — Fl. mars. Fr. octobre-
novembre. — ♄.

FAMILLE DES CORNÉES.

CORNUS, Cornouiller.

CORNUS MAS (Linn.), *Cornouiller mâle.*
Nom pop. : *Cornouiller.*

RR. — Forêts, bois montueux. — Fl. mars. Fr. juin. — ♄.
Arrond. de Chartres : Amilly (an spont. ?)
Arrond. de Dreux : forêts de Dreux et de Senonches !

CORNUS SANGUINEA (Linn.), *Cornouiller sanguin.*

CC. — Haies, taillis, buissons. — Mai, juillet. — ♄.

FAMILLE DES LORANTHACÉES.

VISCUM, Gui.

VISCUM ALBUM (Linn.), *Gui des Druides.*

Nom pop. : *Gui.*

CC. — Parasite sur les pommiers, les poiriers et les peupliers. — Mars. — ♄.

FAMILLE DES CAPRIFOLIACÉES.

ADOXA, Adoxe.

ADOXA MOSCHATELLINA (Linn.), *Adoxe moscatelle.*

Nom pop. : *Moscatelline.*

CC. — Bois frais, taillis couverts. — Avril, mai. — ♃.

SAMBUCUS, Sureau.

SAMBUCUS EBULUS (Linn.), *Sureau yèble.*

Nom pop. — *Yèble.*

CC. — Bords des chemins, haies, buissons. — Fl. juillet. Fr. septembre. — ♃.

Sambucus nigra (Linn.), *Sureau noir.*

Nom pop. : *Sureau.*

C. — Bois, taillis. — Fl. juin. Fr. septembre. — ♄.

VIBURNUM, Viorne.

Viburnum lantana (Linn.), *Viorne cotonneuse.*

CC. — Bois montueux, taillis. — Fl. mai. Fr. août. — ♄.

Viburnum opulus (Linn.), *Viorne obier.*

Nom pop. : *Fausse boule de neige.*

C. — Buissons, taillis humides. — Fl. mai. Fr. août. — ♄.

LONICERA, Chèvrefeuille.

Lonicera periclymenum (Linn.), *Chèvrefeuille périclymène.*

Nom pop. : *Chèvrefeuille des bois.*

CC. — Haies, taillis, buissons. — Juin, juillet. — ♄.

Lonicera xylosteum (Linn.), *Chèvrefeuille xylostéon.*

AC. — Bois, taillis. — Mai, juillet. — ♄.

FAMILLE DES RUBIACÉES.

RUBIA, Garance.

Rubia peregrina (Linn.), *Garance voyageuse.*

R. — Fissures des rocailles, lieux pierreux.
Juin, juillet. — ♃.

Arrond. de Dreux : Montreuil ! (Daënen, herb.).
Arrond. de Châteaudun : bois de la Roche et de Saint-Martin !
(Bellamy). — Douy ! Conie ! (Duteyeul). — Les Abrets ! (L. Vuez).

Rubia tinctorum (Linn.), *Garance des teinturiers.*

RR. — Murailles d'anciens châteaux, pied des murs. Juillet, août. — ♃.

Arrond. de Dreux : château de Dreux ! (Daënen). — Rue de la Grande-Falaise, à Dreux !

GALIUM, Gaillet.

Galium cruciata (Scop.), *Gaillet croisette.*

Nom pop. : *Croisette.*
CC. — Haies, buissons, lisières des bois. Avril, juin. — ♃.

Galium verum (Linn.), *Gaillet jaune.*

Nom pop. : *Caille-lait jaune.*
CC. — Prairies, buissons, bords des chemins. Juin, juillet. — ♃.

Galium mollugo (Linn.), *Gaillet blanc.*

Nom. pop. : *Caille-lait blanc.*
CC. — Haies, buissons, bords des chemins. Juin, juillet. — ♃.

Galium sylvestre (Pollich.), *Gaillet sauvage.*

C. — Bois, taillis, buissons, bords des chemins surtout des terrains crayeux. — Juin, juillet. — ♃.

Galium palustre (Linn.), *Gaillet des marais.*

C. — Bords des fossés et des ruisseaux, marais, lieux aquatiques. — Juillet, août. — ♃.

Galium uliginosum (Linn.), *Gaillet fangeux.*

R. — Marais, fossés et prairies tourbeuses. Juillet, août. — ♃.

Arrond. de Chartres : Béville-le-Comte !

Arrond. de Dreux : Cherizy ! Oulins ! Tardais ! Les Evées à Senonches !

Arrond. de Châteaudun : Nottonville ! Conie ! marais de l'Aigre entre la Ferté-Villeneuil et le Mée !

GALIUM ANGLICUM (Huds.), *Gaillet d'Angleterre.*

R. — Moissons maigres, côteaux calcaires.
Juillet, août. — ①.

Arrond. de Châteaudun : Spoy près Varize ! Guillonville ! (Duteyeul).

Abondant sur les combles et les tours de la cathédrale de Chartres.

GALIUM APARINE (Linn.), *Gaillet gratteron.*

Nom pop. : *Gratteron.*

CC. — Buissons, haies, lieux cultivés et incultes.
Juin, juillet. — ①.

GALIUM TRICORNE (With.), *Gaillet tricorne.*

C. — Moissons, champs des terres argileuses ou calcaires.
Juillet, août. — ①.

ASPERULA, Aspérule.

ASPERULA ODORATA (Linn.), *Aspérule odorante.*

Noms pop. : *Reine des bois, Petit muguet.*

R. — Bois montueux, forêts. — Mai, juin. — ♃.

Arrond. de Dreux : forêts de Senonches, la Ferté-Vidame et Dreux ! — Oulins ! (Brou).

Arrond. de Châteaudun : bois de Saint-Martin à Saint-Denis-les-Ponts !

Arrond. de Nogent-le-Rotrou : Saint-Jean-Pierre-Fixte ! Margon ! bois du Perchet ! (Duteyeul).

ASPERULA CYNANCHICA (Linn.), *Aspérule à l'esquinancie.*

Nom pop. : *Herbe à l'esquinancie.*

CC. — Pelouses sèches, bords des chemins, côteaux arides.
Mai, juin. — ♃.

Asperula arvensis (Linn.), *Aspérule des champs.*

R. — Moissons maigres des terrains crayeux.
Juillet, août. — ♃.

Arrond. de Dreux : Oulins ! (Brou). — Montreuil ! Fermaincourt !

Arrond. de Châteaudun : Cormainville ! Dancy ! Villiers-Saint-
Orien ! Jallans ! (Duteyeul).

SHERARDIA, Shérarde.

Sherardia arvensis (Linn.), *Shérarde des champs.*

C. — Champs, moissons, côteaux incultes surtout des terrains crayeux. — Mai, juin. — ♃.

Famille des VALÉRIANÉES.

CENTRANTHUS, Centranthe.

Centranthus ruber (D. C.), *Centranthe rouge.*

Noms pop. : *Valériane rouge, Barbe de Jupiter.*
RR. — Vieux murs et voisinage des anciens châteaux.
Juin, juillet. — ♃.

Arrond. de Dreux : Abondant sur les murailles du château de
Dreux où il s'est naturalisé !
Arrond. de Châteaudun : Yèvres! (Duteyeul).

VALERIANA, Valériane.

Valeriana dioïca (Linn.), *Valériane dioïque.*

Nom pop. : *Valériane des marais.*

C. — Prairies marécageuses, lieux tourbeux.
Avril, mai. — ♃.

VALERIANA OFFICINALIS (Linn.), *Valériane officinale.*

Nom pop. : *Valériane.*
CC. — Prairies humides, bords des eaux.
Juin, juillet. — ♃.

VALERIANELLA, Valérianelle.

VALERIANELLA OLITORIA (Mœnch), *Valérianelle potagère.*

Noms pop. : *Mâche, Doucette, Bourse.*
CC. — Champs, vignes, vieux murs de chaume.
Avril, mai. — ①.

VALERIANELLA CARINATA (Lois.), *Valérianelle carénée.*

CC. — Champs, moissons, vignes. — Avril, mai. — ①.

VALERIANELLA AURICULA (D. C.), *Valérianelle oreillette.*

CC. — Champs, moissons. — Mai, juin. — ①.

VALERIANELLA MORISONII (D. C.), *Valérianelle de Morison.*

α *Leiocarpa.* — Fruit glabre.
C. — Champs, moissons, prairies artificielles.
Mai, juin. — ①.

β *Pubescens.* — Fruit pubescent.
RR. — Moissons maigres, bords des champs.
Juin, juillet. — ①.
Arrond. de Chartres : plaine de Bailleau-l'Evêque !

VALERIANELLA ERIOCARPA (Desvaux), *Valérianelle à fruit velu.*

RR. — Moissons maigres des terres calcaires.
Avril, mai. — ①.
Arrond. de Châteaudun : Varize (Duteyeul).

FAMILLE DES DIPSACÉES.

DIPSACUS, Cardère.

DIPSACUS SYLVESTRIS (Mill.), *Cardère sauvage.*

Noms pop. : *Bain de Vénus, Cabaret des oiseaux.*

CC. — Champs, bords des chemins et des routes.
Juillet, septembre. — ①.

DIPSACUS PILOSUS (Linn.), *Cardère poilue.*

Nom pop. : *Verge-à-pasteur.*

R. — Bords des ruisseaux et des rivières, buissons humides.
Juillet, août. — ②.
Arrond. de Chartres : Maintenon !
Arrond. de Dreux : bords de la rivière entre le moulin Bâtardon et Fermaincourt ! Oulins !
Arrond. de Nogent-le-Rotrou : Margon ! Thiron ! Les Etilleux !
(Duteyeul).

KNAUTIA, Knautie.

KNAUTIA ARVENSIS (Coult.), *Knautie des champs.*

Nom pop. : *Scabieuse des champs.*

α *Pinnatisecta.* — Feuilles toutes découpées en lanières linéaires.

CC. — Champs, prairies, bords des chemins.
Juillet, août. — ♃.

β *Integrifolia.* — Feuilles inférieures oblongues allongées entières.

AC. — Berges des chemins creux, côteaux secs.
Juillet, août. — ♃.

SCABIOSA, Scabieuse.

SCABIOSA COLUMBARIA (Linn.), *Scabieuse colombaire.*

Nom pop. : *Colombaire.*

CC. — Bords des chemins, prairies, côteaux herbeux.
Juillet, août. — ♃.

Scabiosa succisa (Linn.), *Scabieuse succise*.
Nom pop. : *Mors du Diable*.
C. — Bois, taillis, prairies. — Juillet, septembre. — ♃.

Famille des COMPOSÉES.

S. Fam. I. — TUBULIFLORES.

* CORYMBIFÈRES.

EUPATORIUM, Eupatoire.

Eupatorium cannabinum (Linn.), *Eupatoire chanvrine*.
Nom pop. : *Eupatoire*.
CC. — Fossés, bords des eaux, prairies.
Juillet, novembre. — ♃.

PETASITES, Pétasite.

Petasites officinalis (Mœnch), *Pétasite officinale*.
Nom pop. : *Herbe aux teigneux*.
R. — Prairies humides, bords des rivières.
Avril, mai. — ♃.
Arrond. de Dreux : Vernouillet! Fermaincourt! Cocherelle!
— Oulins! (Brou).
Arrond. de Châteaudun : chaussée du moulin de Moncelair,
près Saint-Denis-les-Ponts! (Bellamy). — Moulin de Vouvray!
(L. Vuez).
Arrond. de Nogent-le-Rotrou : fossés de la route, en face la
propriété de Launay, près Nogent! Landelles! (Duteyeul).

TUSSILAGO, Tussilage.

Tussilago farfara (Linn.), *Tussilage Pas-d'Ane.*
   Noms pop. : *Tussilage, Pas-d'Ane.*
   CC. — Champs argileux, vignes, lieux incultes.
   Mars, avril. — ♃.

SOLIDAGO, Solidage.

Solidago virga-aurea (Linn.), *Solidage verge-d'or.*
   Nom pop. : *Verge d'or.*
   CC. — Taillis, lisières des bois. — Juillet, septembre. — ♃.

   Le *Solidago Canadensis* (Linn.), échappé des jardins, s'est naturalisé dans les terrains vagues qui bordent le chemin de Fontaine-Bouillant à la Mihoue, près Chartres !

LINOSYRIS, Linosyris.

Linosyris vulgaris (Cass.), *Linosyris commun.*
   RR. — Lisière des bois montueux, côteaux élévés.
   Août, septembre. — ♃.

   Arrond. de Dreux : abondant sur la lisière de la forêt de Dreux, au sommet du côteau qui domine Montreuil !

ERIGERON, Erigeron.

Erigeron acris (Linn.), *Erigeron âcre.*
   C. — Côteaux pierreux, lieux secs, vignes.
   Juillet, août. — ②.

Erigeron Canadensis (Linn.), *Erigeron du Canada.*
   Nom. pop. : *Vergerette.*
   CC. — Décombres, vignes, terrains vagues, bords des chemins. — Juillet, septembre. — ①.

ASTER, Aster.

ASTER ACRIS (Linn.), *Aster âcre.*

RR. — Bords des eaux, lieux ombragés.
Juillet, septembre. — ♃.
Arrond. de Dreux : bords de la rivière, près du moulin Bâtardon !

BELLIS, Pâquerette.

BELLIS PERENNIS (Linn.), *Pâquerette vivace.*

Noms pop. : *Pâquerette, Marguerite.*
CC. — Prairies, lieux herbeux, pelouses.
Mars, juin. — ♃

DORONICUM, Doronic.

DORONICUM PLANTAGINEUM (Linn.), *Doronic à feuilles de plantain.*

RR. — Bois montueux. — Avril, mai. — ♃.
Arrond. de Dreux : forêt de Dreux ! (Daënen, herb.).
Arrond. de Châteaudun : Saint-Christophe ! (Duteyeul, teste Juillard).

SENECIO, Seneçon.

SENECIO VULGARIS (Linn.), *Séneçon vulgaire.*

Nom pop. : *Séneçon.*
CC. — Décombres, champs en friche, vignes, lieux cultivés.
Toute l'année. — ①.

SENECIO VISCOSUS (Linn.), *Séneçon visqueux.*

R. — Lieux incultes, bords des chemins, champs calcaires.
Juin, août — ①.

Arrond. de Dreux : Crécy-Couvé ! lisière du bois Yon ! Favières !
Morvillette ! Oulins ! Anet ! Bueil !

Arrond. de Châteaudun : buttes de la Sablonnière (L. Vuez).

SENECIO SYLVATICUS (Linn.), *Séneçon des bois.*

AC. — Collines et bois montueux des terres sablonneuses.
Juillet, août. — ①.

SENECIO AQUATICUS (Huds.), *Séneçon aquatique.*

AC. — Lieux humides, fossés, prairies marécageuses.
Juin, août. — ②.

α *Genuinus.* — Feuilles inférieures entières, simplement
dentées ou crénelées, les moyennes lyrées.

β *Pinnatifidus.* — Feuilles inférieures lyrées; les moyennes
profondément divisées.

Arrond. de Chartres : Saint-Prest ! Luisant ! Barjouville ! etc.
Arrond. de Dreux : Anet ! Oulins ! Senonches !
Arrond. de Châteaudun : Varize ! (Duteyeul). — Montigny-le-
Gannelon ! Cloyes ! Vallée de l'Aigre ! etc.

SENECIO JACOBÆA (Linn.), *Séneçon Jacobée.*

Nom pop. : *Jacobée.*

CC. — Prairies, haies, lisières et clairières des bois.
Juin, septembre. — ②.

ARTEMISIA, Armoise.

ARTEMISIA VULGARIS (Linn.), *Armoise commune.*

Nom pop. : *Armoise.*

CC. — Bords des chemins, terrains vagues, pied des murs
dans les villages. — Juillet, septembre. — ♃.

ARTEMISIA CAMPESTRIS (Linn.), *Armoise champêtre.*

RR. — Lieux secs, côteaux crayeux exposés au midi.
Juillet, août. — ♃.

Arrond. de Chartres : sommet de la côte de Maintenon, sur
le chemin de Gallardon !

TANACETUM, Tanaisie.

TANACETUM VULGARE (Linn.), *Tanaisie commune*.

C. — Lisières des bois, bords des chemins.
Juillet, août. — ♃.

LEUCANTHEMUM, Leucanthème.

LEUCANTHEMUM VULGARE (Lamk), *Leucanthème commune*.

Nom pop. : *Grande-Marguerite*.
CC. — Prairies, moissons, lieux herbeux.
Juillet, août. — ♃.

β *Spathulæfolium*. — Tige toujours simple, feuilles fortement spatulées, fleurs d'un quart plus petites que dans
le type.

Cette variété paraît particulière aux marais.
Vallée de l'Aigre à la Canche !

LEUCANTHEMUM PARTHENIUM (Gr. et Godr.), *Leucanthème matricaire*.

AR. — Pied des murs, décombres, vieux murs.

Cathédrale de Chartres ! Luisant ! Barjouville ! Varize ! Nogent-le-Rotrou, etc.

CHRYSANTHEMUM, Chrysanthème.

CHRYSANTHEMUM SEGETUM (Linn.), *Chrysanthème des moissons*.

Nom pop. : *Marguerite dorée*.
AR. — Champs en friche, moissons. — Juillet, août. — ①.
Arrond. de Chartres : Seresville ! Illiers ! — Billancelles, près
Courville ! (Duteyeul).
Arrond. de Dreux : Dreux ! (Daënen, herb.). — Oulins !
(Brou).
Arrond. de Châteaudun : Logron ! (Duteyeul).
Nogent-le-Rotrou ! (Duteyeul).

MATRICARIA, Matricaire.

MATRICARIA CHAMOMILLA (Linn.), *Matricaire camomille.*

Nom pop. : *Camomille commune.*
C. — Moissons, champs, prairies artificielles.
Juin, août. — ①.

MATRICARIA INODORA (Linn.), *Matricaire inodore.*

CC. — Champs en friche, moissons.
Juillet, septembre. — ①.

ORMENIS, Orménide.

ORMENIS NOBILIS (Gay), *Orménide noble.*

Nom pop. : *Camomille romaine.*
RR. — Bords des chemins, pelouses sablonneuses.
Juin, août. — ♃.
Arrond. de Chartres : Vau de Séresville, près Chavannes !
Arrond. de Dreux : chemin de la Sablière à Oulins ! (Brou).
Env. de Châteaudun (Duteyeul).

ANTHEMIS, Anthémide.

ANTHEMIS ARVENSIS (Linn.), *Anthémide des champs.*

Nom pop. : *Matricaire.*
CC. — Champs en friche, moissons, prairies artificielles.
Juin, septembre. — ①.

ANTHEMIS COTULA (Linn.), *Anthémide puante.*

C. — Moissons, prairies artificielles.
Juillet, septembre. — ①.

ACHILLÆA, Achillée.

ACHILLÆA MILLEFOLIUM (Linn.), *Achillée millefeuille.*

Noms pop. : *Millefeuille. Herbe à éternuer.*

CC. — Bords des chemins, lieux incultes, décombres.
Juillet, septembre. — ♃.

Achillæa ptarmica (Linn.), *Achillée sternutatoire*.

Nom pop. : *Herbe à éternuer*.
C. — Prairies humides. — Juillet, août. — ♃.

BIDENS, Bident.

Bidens tripartita (Linn.), *Bident tripartit*.

Nom. pop. : *Chanvre d'eau*.
CC. — Fossés, lieux marécageux, prairies humides.
Juillet, septembre. — ①.

Bidens cernua (Linn.), *Bident penché*.

C. — Fossés, lieux marécageux. — Juillet, septembre. — ①.

β *Rugosa*. — Cette variété est, en plusieurs endroits et surtout aux environs de Chartres, plus commune que le
type.

INULA, Inule.

Inula helenium (Linn.), *Inule aunée*.

RR. — Prairies humides. — Juin, août. — ♃.
Arrond. de Chartres : moulin Lecomte! (Richard).
Arrond. de Châteaudun : Yèvres! (Duleyeul).

Inula conyza (D. C.), *Inule conyze*.

Nom pop. : *Conyze*.
CC. — Lisière des bois, bords des routes, berges des chemins creux. — Juillet, septembre. — ②.

Inula Britannica (Linn.), *Inule Britannique*.

C. — Bords des fossés et des rivières, prairies humides.
Juillet, août. — ♃.

PULICARIA, Pulicaire.

PULICARIA VULGARIS (Gaertn.), *Pulicaire commune.*

Nom pop. : *Pulicaire.*

C. — Fossés des routes, bords des mares, champs dans les endroits où l'eau a séjourné l'hiver. — Juillet, septembre. — ①.

PULICARIA DYSENTERICA (Gaertn.), *Pulicaire dysentérique.*

CC. — Bords des ruisseaux, des fossés et des rivières. Juillet, septembre. — ♃.

CUPULARIA, Cupulaire.

CUPULARIA GRAVEOLENS (Gr. et Godr.), *Cupulaire puante.*

RR. — Champs, terres humides, vases sableuses extraites de l'eau. — Août, octobre. — ①.

Arrond. de Châteaudun : Lanneray ! — Parc de la Perrine, commune de Saint-Christophe ! (Juillard). — Entre Douy et Cloyes, où il est abondant surtout après la moisson !

GNAPHALIUM, Gnaphale.

GNAPHALIUM LUTEO-ALBUM (Linn.), *Gnaphale jaunâtre.*

Nom pop. : *Immortelle des marais.*

RR. — Bords des étangs, lieux sablonneux humides. Juillet, août — ①.

Arrond. de Chartres : Saint-Arnoult !
Arrond. de Dreux : Oulins ! (Brou). — Senonches !
Env. de Nogent-le-Rotrou ! (Duteyeul).

GNAPHALIUM SYLVATICUM (Linn.), *Gnaphale des bois.*

C. — Lisières des bois, bruyères, taillis montueux. Juillet, septembre. — ♃.

Gnaphalium uliginosum (Linn.), *Gnaphale des marais.*

AC. — Fossés, lieux sablonneux humides.
Juillet, août. — ①.

HELICHRYSUM, Hélichryse.

Helichrysum arenarium (D. C.), *Hélichryse des sables.*

RR. — Terrains sablonneux. — Juin, Juillet. — ♃.
Arrond. de Châteaudun : buttes de la Sablonnière ! (L. Vuez).

ANTENNARIA, Antennaire.

Antennaria dioïca (Gaertn.), *Antennaire dioïque.*

Nom pop. : *Pied-de-chat.*

R. — Champs calcaires arides, bruyères, côteaux crayeux.
Juin, juillet. — ♃.
Arrond. de Dreux : Oulins ! (Brou). — Dreux ! (Daënen, herb.).
Arrond. de Nogent-le-Rotrou : Nogent ! Les Etilleux ! (Duteyeul).

FILAGO, Filago.

Filago Jussiæi (Coss. et Germ.), *Filago de Jussieu.*

CC. — Champs, terres en friche. — Juillet, septembre. — ①.

β *Purpurescens.* — Folioles de l'involucre rougeâtres au
  sommet. — AC.

Filago Germanica (Linn.), *Filago d'Allemagne.*

CC. — Lieux cultivés, champs, vignes, bords des chemins.
Juin, août. — ①.

α *Canescens.* — CC. — Plante couverte d'un tomentum
  blanc se rassemblant en pelotons.
β *Lutescens.* — C. — Plante couverte d'un tomentum jaunâtre avec les folioles de l'involucre rougeâtres au
  sommet.

FILAGO ARVENSIS (Linn.), *Filago des champs.*

Noms pop. : *Herbe à coton.*

AC. — Lieux sablonneux arides, moissons maigres.
Juillet, septembre. — ①.

FILAGO MINIMA (Linn.), *Filago nain.*

C. — Lieux sablonneux, côteaux secs. — Juin, août. — ①.

LOGFIA, Logfie.

LOGFIA SUBULATA (Cass.), *Logfie subulée.*

C. — Champs arides, côteaux pierreux, berges des chemins
creux. — Juillet, septembre. — ④.

MICROPUS, Micrope.

MICROPUS ERECTUS (Linn.), *Micrope dressé.*

RR. — Côteaux calcaires arides. — Juillet, août. — ①.
Arrond. de Châteaudun : Lutz ! — Ehumignon, à deux kilom.
de Varize ! (Dutcyeul).

CALENDULA, Souci.

CALENDULA ARVENSIS (Linn.), *Souci des champs.*

Nom pop. : *Souci des vignes.*
CC. — Champs, vignes, terres remuées. — Mai, août. — ①.
N'a pas encore été signalé aux env. de Nogent-le-Rotrou !

Le *Calendula officinalis* (Linn.) s'est naturalisé dans les ja-
chères aux environs de Montlouet, près Gallardon !

** CYNAROCÉPHALES.

ECHINOPS, Echinope.

ECHINOPS SPHÆROCEPHALUS (Linn.), *Echinope à tête ronde.*

RR. — Lieux secs pierreux. — Juillet, août. — ♃.

Arrond. de Dreux : Oulins? (Brou).

Cimetière du village de Glisolles, entre Évreux et Conches (Eure), localité peu éloignée de nos limites. [Vaillant, bot. Par.]

SILYBUM, Silybe.

SILYBUM MARIANUM (Gaertn.), *Silybe de Marie.*

Nom pop. : *Chardon Marie.*

RR. — Décombres, voisinage des vieux châteaux. Août, septembre. — ②.

Env. de Dreux! (Daënen, herb.).

ONOPORDON, Onoporde.

ONOPORDON ACANTHIUM (Linn.), *Onoporde acanthin.*

Nom pop. : *Chardon acanthe.*

C. — Lieux incultes, champs arides, bords des chemins. Juillet, septembre. — ②.

CIRSIUM, Cirsie.

CIRSIUM LANCEOLATUM (Scop.), *Cirsie lancéolée.*

CC. — Bords des chemins, lieux incultes. Juin, août. — ②.

CIRSIUM ERIOPHORUM (Scop.), *Cirsie laineuse.*

R. — Bords des chemins, pied des murs dans les villages, côteaux calcaires. — Juin, août. — ♃.

Arrond. de Chartres : Courville ! Auneau !
Arrond. de Dreux : Cocherelle !
Env. de Nogent-le-Rotrou ! (Duteyeul).

CIRSIUM PALUSTRE (Scop.), *Cirsie des marais.*

Nom pop. : *Bâton du Diable.*

C. — Bords des fossés, lieux marécageux, prairies humides. Juin, juillet. — ②.

CIRSIUM OLERACEUM (Allion.), *Cirsie des lieux cultivés.*

RR. — Prairies marécageuses, lieux tourbeux. Juillet, août. — ♃.
Arrond. de Dreux : entre Oulins et Boncourt ! (Brou).
Arrond. de Châteaudun : vallée de l'Aigre à la Canche !

CIRSIUM ANGLICUM (Lamk), *Cirsie d'Angleterre.*

AR. — Prairies marécageuses. — Juin, août. — ♃.
Arrond. de Chartres : Béville-le-Comte !
Arrond. de Dreux : Oulins ! Boncourt ! Cherisy ! Tardais ! Senonches !
Arrond. de Châteaudun : la Conie ! Vallée de l'Aigre à la Canche ! Moléans (L. Vuez).
Arrond. de Nogent-le-Rotrou : prairies des bords de l'Huisne ! (Duteyeul).

β *Polycephalum.* — Hampe biflore. — RR. — Mêlé avec le type. — Boncourt, près Anet !

CIRSIUM ACAULE (Allion.), *Cirsie sans tige.*

CC. — Bords des chemins, côteaux incultes, berges des chemins de fer. — Juin, septembre. — ♃.

β *Caulescens.* — Capitules supportés par un pédoncule de 1-3 centim.
AC. — Côteaux herbeux ombragés.

Cirsium arvense (Scop.), *Cirsie des champs.*

Nom pop. : *Chardon hémorrhoïdal.*
CC. — Champs, moissons surtout parmi les avoines.
Juin, septembre. — ♃.

CARDUUS, Chardon.

Carduus tenuiflorus (Smith), *Chardon à petites fleurs.*

C. — Bords des chemins, pied des murs dans les villages.
Juin, août. — ①.

Carduus crispus (Linn.), *Chardon crépu.*

C. — Bords des chemins et des routes, lieux incultes des terrains crayeux. — Juillet, septembre. — ♃.

Carduus nutans (Linn.), *Chardon penché.*

CC. — Bords des chemins et des routes, lieux incultes, décombres. — Juin, septembre. — ②.

CARDUNCELLUS, Cardoncelle.

Carduncellus mitissimus (D. C.), *Cardoncelle douce.*

RR. — Pelouses sèches des côteaux calcaires arides.
Juillet, août. — ♃.

Arrond. de Châteaudun : Courbehaye! Malmusse-sur-Conie!
(Duteyeul).

CENTAUREA, Centaurée.

Centaurea jacea (Linn.), *Centaurée jacée.*

Noms pop. : *Barbeau, Jacée.*
CC. — Prairies, lieux herbeux. — Mai, juin. — ♃.

Centaurea nigra (Linn.), *Centaurée noire.*

CC. — Prairies, lisières des bois, bords des chemins.
Mai, juin. — ♃.

Centaurea cyanus (Linn.), *Centaurée bleue.*

Noms pop. : *Bluet, Casse-lunette.*
CC. — Moissons, champs, prairies artificielles.
Mai, juillet. — ②.

Centaurea scabiosa (Linn.), *Centaurée scabieuse.*

C. — Champs, lieux incultes des terrains crayeux.
Juin, août. — ♃.

Centaurea calcitrapa (Linn.), *Centaurée chausse-trape.*

Noms pop. : *Chausse-trape, Chardon étoilé.*
CC. — Bords des chemins, lieux incultes, décombres.
Juin, septembre. — ②.

Centaurea myacantha (Linn.), *Centaurée myacanthe.*

RR. — Lieux secs et pierreux, côteaux arides.
Arrond. de Dreux : côte de Boncourt, où il est rare !

Centaurea solstitialis (Linn.), *Centaurée du solstice.*

AR. — Champs arides. Plus répandu dans les plaines du nord
et du centre du département. — Août, octobre. — ①.
Arrond. de Chartres : Blainville près Courville ! (Duteyeul).—
Bailleau-l'Évêque ! Poisvilliers ! Berchères-la-Maingot ! etc.
Arrond. de Dreux : Crécy-Couvé ! Tréon ! Cocherelle ! Anet !
Oulins ! Châteauneuf ! où il est assez abondant surtout dans la
plaine du côté de Blévy et de Maillebois !

KENTROPHYLLUM, Kentrophylle.

Kentrophyllum lanatum (D. C.), *Kentrophylle laineux.*

Nom pop. : *Chardon bénit.*
C. — Bords des chemins et des routes, lieux secs et pierreux.
Juillet, septembre. — ①.

SERRATULA, Serratule.

SERRATULA TINCTORIA (Linn.), *Serratule des teinturiers.*

Nom pop. : *Sarrète.*

AC. — Bois, taillis, lieux herbeux. — Juin, juillet. — ♃.

CARLINA, Carline.

CARLINA VULGARIS (Linn.), *Carline commune.*

Nom pop. : *Carline.*

C. — Bords des chemins, côteaux calcaires, lieux secs.
Juin, août. — ①.

LAPPA, Bardane.

LAPPA COMMUNIS (Coss. et Germ.), *Bardane commune.*

Noms pop : *Bardane, Glouteron.*

Juillet, septembre. — ②.

    α *Minor.* — CC. — Bords des chemins, villages, lieux in-
        cultes.

    β *Major.* — Lieux incultes, décombres. — Châteaudun ?
        (Marquis).

S. FAM. II. — LIGULIFLORES.

CICHORIUM, Chicorée.

CICHORIUM INTYCUS (Linn.), *Chicorée sauvage.*

Nom pop. : *Chicorée.*

CC. — Bords des chemins et des routes, décombres, lieux
incultes. — Juillet, août. — ♃.

On cultive dans tout le département le *Cichorium Endivia* (Linn.), dont la var. α *Crispa* est connue sous le nom de *Chicorée frisée*, et la var. β *Latifolia* sous celui de *Scarole*.

ARNOSERIS, Arnoséride.

ARNOSERIS PUSILLA (Gaertn.), *Arnoséride fluette.*

R. — Champs sablonneux. — Juin, août. — ①.

Arrond. de Dreux : Oulins ! (Brou). — La Chaussée-d'Ivry ! Faverolles !

Arrond. de Châteaudun : La Boulidière (Bellamy). — Conie ! — Plaine de Saint-Denis ! (L. Vuez).

Arrond. de Nogent-le-Rotrou : butte de Croisilles ! (Duteyeul).

LAPSANA, Lampsane.

LAPSANA COMMUNIS (Linn.), *Lampsane commune.*

CC. — Terres remuées, taillis, lieux cultivés ou incultes. Juin, août. — ①.

HYPOCHÆRIS, Hypochéride.

HYPOCHÆRIS RADICATA (Linn.), *Hypochéride enracinée.*

Nom pop. : *Porcelle.*

CC. — Prairies, bords des chemins, lieux herbeux. Juin, août. — ①.

HYPOCHÆRIS MACULATA (Linn.), *Hypochéride maculée.*

RR. — Bruyères des bois sablonneux. — Juillet, août. — ♃.

Arrond. de Dreux : colline des Fénots, près Dreux !

THRINCIA, Thrincie.

THRINCIA HIRTA (Roth), *Thrincie hérissée.*

RR. — Bords des chemins, lieux herbeux, prés secs. Juin, septembre. — ♃.

LEONTODON, Liondent.

LEONTODON AUTUMNALIS (Linn.), *Liondent d'automne.*
  Nom pop. : *Liondent.*
  CC. — Prairies, bords des fossés. — Juin, août. — ♃.

LEONTODON PROTEIFORMIS (Vill.), *Liondent protée.*
  CC. — Prairies, bords des chemins, lieux secs, pâturages.
  Juin, août. — ♃.

PICRIS, Picride.

PICRIS HIERACIOIDES (Lamk), *Picride épervière.*
  CC. — Champs argileux, prairies artificielles.
  Juin, septembre. — ②.

HELMINTHIA, Helminthie.

HELMINTHIA ECHIOIDES (Gaertn.), *Helminthie vipérine.*
  Nom pop. : *Fausse vipérine.*
  RR. — Champs incultes, prairies artificielles.
  Juillet, août. — ①.
  Arrond. de Dreux : Oulins ! (Brou). — Fermaincourt !

SCORZONERA, Scorzonère.

SCORZONERA HUMILIS (Linn.), *Scorzonère humble.*
  Nom pop. : *Scorzonère.*
  C. — Prairies, bois, bruyères. — Juin, juillet. — ♃.

PODOSPERMUM, Podosperme.

PODOSPERMUM LACINIATUM (D. C.), *Podosperme lacinié.*
  RR. — Côteaux calcaires. — Juin, juillet. — ②.

Arrond. de Châteaudun : Jallans! Varize! Assez répandu sur les côteaux crayeux des bords de la Conie jusqu'à Cormainville! (Duteyeul).

TRAGOPOGON, Salsifis.

TRAGOPOGON PRATENSIS (Linn.), *Salsifis des prés.*

Nom pop. : *Salsifis bâtard.*

CC. — Prairies humides. — Juin, juillet. ②.

TRAGOPOGON MAJOR (Jacq.), *Salsifis à gros pédoncules.*

RR. — Prés secs, pâturages, côteaux pierreux. Juillet, août. — ②.

Dreux (Daënen, herb.!).
Nogent-le-Rotrou (Duteyeul).
Arrond. de Châteaudun : Cormainville!

CHONDRILLA, Chondrille.

CHONDRILLA JUNCEA (Linn.), *Chondrille effilée.*

AR. — Bords des chemins, champs arides des terrains sablonneux ou calcaires. — Juin, août. — ②.

Arrond. de Chartres : Maintenon, sur le chemin de Gallardon!
Arrond. de Dreux : Oulins! (Brou). — Fermaincourt!
Assez répandu dans l'arrond. de Nogent-le-Rotrou et la Beauce dunoise! (Duteyeul).

TARAXACUM, Pissenlit.

TARAXACUM DENS-LEONIS (Desf.), *Pissenlit dent-de-lion.*

Nom pop. : *Pissenlit.*

CC. — Prairies, pelouses, champs, bords des chemins. Avril, octobre. — ♃.

LACTUCA, Laitue.

LACTUCA SALIGNA (Linn.), *Laitue à feuilles de saule.*

CC. — Bords des chemins, lieux pierreux, décombres. Juin, août. — ②.

Lactuca scariola (Linn.), *Laitue scariole.*

Nom pop. : *Scariole.*

CC. — Décombres, lieux pierreux, pieds des murs.
Juillet, septembre. — ②.

Lactuca virosa (Linn.), *Laitue vireuse.*

RR. — Lieux calcaires arides. — Juillet, août.
Arrond. de Dreux : Oulins ! (Brou).

Lactuca perennis (Linn.), *Laitue vivace.*

Nom pop. : *Guerdille.*

R. — Côteaux calcaires, champs crayeux.
Juin, août. — ♃.

Arrond. de Dreux : Montreuil ! Fermaincourt ! Anet ! Oulins !
Arrond. de Châteaudun : Bonneval ! Varize ! (Duteyeul).

PHÆNIXOPUS, Phénixope.

Phænixopus muralis (Koch), *Phénixope des murs.*

RR. — Vieux murs ombragés, bois humides.
Juillet, août. — ①.
Arrond. de Nogent-le-Rotrou : Thiron ! (Duteyeul).

SONCHUS, Laiteron.

Sonchus lævis (Dod.), *Laiteron lisse.*

Nom pop. : *Laiteron.*

CC. — Lieux cultivés, jardins en friche, vieux murs.
Juin, septembre. — ①.

Sonchus asper (Vill.), *Laiteron âpre.*

CC. — Jardins, bords des haies, lieux cultivés.
Juillet, septembre. — ①.

Sonchus arvensis (Linn.), *Laiteron des champs.*

C. — Champs, moissons, prairies artificielles.
Juillet, août. — ♃.

β *Aquaticus*. — Tige haute de 1-50 à 2 mètres, robuste, couverte de poils glanduleux. Feuilles très-longues, à oreillettes élargies et allongées. Capitules nombreux.

AC. — Bords des rivières, lieux marécageux. Juillet.

SONCHUS PALUSTRIS (Linn.), *Laiteron des marais*.

RR. — Bords des rivières, prairies tourbeuses.
Juillet, août. — ♃.
Arrond. de Dreux : Cherizy (Daënen, herb!).
Arrond. de Châteaudun : Courbehaye! (Duteyeul).

CREPIS, Crépide.

CREPIS TARAXACIFOLIA (Thuill.), *Crépide à feuilles de pissenlit*.

Nom pop. : *Crépide*.
CC. — Prairies, bords des chemins, champs, talus des chemins de fer. — Juin, août. ②.

CREPIS SETOSA (Hall.), *Crépide glanduleuse*.

RR. — Champs cultivés, prairies artificielles.
Juillet, août. — ①.
Arrond. de Nogent-le-Rotrou : la Loupe!

CREPIS FÆTIDA (Linn.), *Crépide fétide*.

CC. — Lieux pierreux, bords des chemins crayeux.
Mai, juillet. — ①.

CREPIS BIENNIS (Linn.), *Crépide bisannuelle*.

C. — Prairies, lieux herbeux humides. — Juin, août. — ②.

CREPIS VIRENS (Vill.), *Crépide odorante*.

CC. — Bords des chemins, carrières, lieux pierreux, décombres. — Mai, août. — ①.
β *Diffusa*. — C. — Surtout en septembre et octobre.

Cette variété n'est peut-être que le type, dont le sommet a été brouté ou coupé et qui repousse rabougri.

CREPIS PULCHRA (Linn.), *Crépide élégante*

RR. — Côteaux crayeux. — Juin, août. — ①.

Arrond. de Dreux : abondant sur toute la côte au-dessus de Dreux !

HIERACIUM, Epervière.

HIERACIUM PILOSELLA (Linn.), *Epervière piloselle.*

Nom pop. : *Piloselle.*

CC. — Côteaux pierreux, berges et bords des chemins et des routes. — Mai, juin. — ♃.

HIERACIUM AURICULA (Linn.), *Epervière auricule.*

C. — Pelouses humides, pâturages. — Juin, juillet. — ♃.

HIERACIUM SYLVATICUM (Lamk), *Epervière des bois.*

CC. — Bois, taillis, buissons. — Mai, juillet. — ♃.

HIERACIUM MURORUM (Linn.), *Epervière des murs.*

CC. — Bois, taillis, vieux murs, talus des chemins de fer. Juin, juillet. — ♃.

HIERACIUM UMBELLATUM (Linn.), *Epervière en ombelle.*

CC. — Bois, taillis, buissons, bruyères. — Juin, août. — ♃.

HIERACIUM SABAUDUM (Linn.), *Epervière Savoyarde.*

AC. — Bois, taillis, buissons. — Juin, août. — ♃.

HIERACIUM TRIDENTATUM (Fries), *Epervière tridentée.*

AC. — Lisières des bois, taillis. — Juin, août. — ♃.

Famille des LOBÉLIACÉES.

LOBELIA, Lobélie.

Lobela urens (Linn.), *Lobélie brûlante.*

R. — Prairies marécageuses, bruyères tourbeuses, marais. Juillet, août. — ♃.

Arrond. de Dreux : abondant aux marais des Evées, près Senonches !

Arrond. de Nogent-le-Rotrou : Montireau, près la Loupe ! Authon ! — bois du Perchet ! (Duteyeul).

Env. du château de Glaye, sur les limites du département de l'Eure, près Nonancourt ! (Deschamps).

Famille des CAMPANULACÉES.

JASIONE, Jasione.

Jasione montana (Linn.), *Jasione des montagnes.*

Nom pop. : *Herbe bleue.*

C. — Lieux secs, bords des chemins, côteaux arides. Juin, juillet. — ②.

PHYTEUMA, Raiponce.

Phyteuma spicatum (Linn.), *Raiponce en épi.*

R. — Bois, pâturages montueux. — Juin, août. — ♃.
Arrond. de Dreux : Anet ! Muzy !
Arrond. de Châteaudun : bois de Saint-Martin à Saint-Denis-les-Ponts ! (Bellamy et L. Vuez). — Bois de l'Abbaye, près Nottonville ! Villiers-Saint-Orien ! — Conie ! (Duteyeul).

PHYTEUMA ORBICULARE (Linn.), *Raiponce orbiculaire*.

R. — Pelouses sèches de côteaux calcaires. — ♃.

Arrond. de Dreux : Ezy, près Anet! Oulins! (Brou).
Arrond. de Châteaudun : entre Châteaudun et Jallans! Lutz!
— Gibraltar-Civry! (Duteyeul).

SPECULARIA, Spéculaire.

SPECULARIA SPECULUM (Alph. D. C.). *Spéculaire miroir*.

Nom pop. : *Miroir de Vénus*.

CC. — Champs, moissons, prairies artificielles.
Juin, août. — ①.

SPECULARIA HYBRIDA (Alph. D. C.), *Spéculaire hybride*.

AC. — Champs, moissons, prairies artificielles.
Mai, juillet. — ①.

CAMPANULA, Campanule.

CAMPANULA TRACHELIUM (Linn.), *Campanule gantelée*.

Nom pop. : *Gant de Notre-Dame*.

AC. — Lisières et clairières des bois, buissons, taillis.
Juillet, août. — ♃.

CAMPANULA RAPUNCULOIDES (Linn.), *Campanule fausse-raiponce*.

RR. — Villages, cours, voisinage des habitations.
Juillet, août. — ♃.

Arrond. de Châteaudun : entrée des moulins de Saint-Avit!
(Bellamy). — Varize, au presbytère! Péronville! (Duteyeul).

CAMPANULA ROTUNDIFOLIA (Linn.), *Campanule à feuilles rondes*.

CC. — Bois, haies, buissons. — Juin, août. — ♃.

CAMPANULA RAPUNCULUS (Linn.), *Campanule raiponce*.

Nom pop. : *Raiponce*.

CC. — Lisières des bois, bords des chemins, fossés des routes.
Juin, août. — ♃.

CAMPANULA PERSICÆFOLIA (Linn.), *Campanule à feuilles de pêcher*.

Nom pop. : *Cloche.*
C. — Taillis, buissons, clairières des bois.
Juin, août — ♃.

CAMPANULA GLOMERATA (Linn.), *Campanule agglomérée.*

C. — Lisières des bois, lieux herbeux, côteaux frais.
Mai, juillet. — ♃.

FAMILLE DES VACCINIÉES.

VACCINIUM, Airelle.

VACCINIUM MYRTILLUS (Linn.), *Airelle Myrtille.*

Nom pop. : *Airelle.*
R. — Bruyères, bois montueux. — Avril, mai. — ♄.
Arrond. de Dreux : forêt de Dreux! (Daënen). — Bois de Guainville! (Brou).
Arrond. de Nogent-le-Rotrou : au pied du versant de Croisilles, du côté de Nogent! — bois du Gibet! — bois sur la route de la Loupe à Pontgouin, où il est assez abondant! (Duteyeul).

FAMILLE DES ÉRICINÉES.

ERICA, Bruyère.

ERICA TETRALIX (Linn.), *Bruyère à quatre faces.*

R. — Bruyères tourbeuses. — Juillet, août. — ♄.
Arrond. de Dreux : bois de Gilles! (Brou). — Châteauneuf!

(Duteyeul). — Étang de Tardais! marais des Evées, près Senonches! La Gadelière!

Étang de Guipéreux ! sur les limites du département.

ERICA CINEREA (Linn.), *Bruyère cendrée.*

Noms pop. : *Bruyère franche.* — *Bruyère curieuse* à Châteaudun.

CC. — Bois, taillis, bruyères. — Juin, septembre. — ♄.

ERICA SCOPARIA (Linn.), *Bruyère à balais.*

RR. — Bruyères arides. — Juillet, août. — ♄.

Arrond. de Châteaudun : bois de l'Aumône, près Douy ! (Bellamy).

CALLUNA, Callune.

CALLUNA VULGARIS (Salisb.) *Callune commune.*

Nom pop. : *Bruyère.*

CC. — Landes, bruyères, lisières des bois, taillis. Juin, septembre. — ♄.

FAMILLE DES MONOTROPÉES.

MONOTROPA, Monotrope.

MONOTROPA HYPOPITYS (Linn.), *Monotrope parasite.*

Nom pop. : *Succpin.*

RR. — Bois humides, parasite sur les racines de pin, du sapin, du hêtre, etc., surtout dans les endroits recouverts du détritus des feuilles. — Juin, août. — ♃.

Arrond. de Chartres : forêt de Bailleau-l'Evêque !

Arrond. de Dreux : forêts de Dreux et de Senonches !

Arrond. de Châteaudun : bois de l'Abbaye à Nottonville ! (Duteyeul).

CLASSE III. — COLORIFLORES.

FAMILLE DES LENTIBULARIÉES.

PINGUICULA, Grassette.

PINGUICULA VULGARIS (Linn.), *Grassette commune.*

RR. — Marécages, bords des rivières tourbeuses.
Juin, juillet. — ♃.
Arrond. de Dreux : Senonches !
Arrond. de Châteaudun : bords de l'Hyère, non loin de Saint-Denis-les-Ponts ! (Marquis).
Arrond. de Nogent-le-Rotrou : Authon ! (Duteyeul). — Étang de Thiron !

UTRICULARIA, Utriculaire.

UTRICULARIA VULGARIS (Linn.), *Utriculaire commune.*

R. — Mares, fossés, eaux stagnantes. — Juin, août. — ♃.
Arrond. de Dreux : Cherizy !
Arrond. de Chartres : Béville-le-Comte !
Arrond. de Nogent-le-Rotrou : Margon ! (Duteyeul).
Arrond. de Châteaudun : Varize ! (Duteyeul). — Vallée de la Conie à Molitard ! (L. Vuez).

FAMILLE DES PRIMULACÉES.

HOTTONIA, Hottone.

HOTTANIA PALUSTRIS (Linn.), *Hottone des marais.*
Noms pop. : *Mille-feuille aquatique, Plumeau.*
RR. — Marais, fossés tourbeux. — Mai, juillet. — ♃.

Arrond. de Chartres : Epernon !

Arrond. de Châteaudun : La Boulidière ! — moulin de Ségland, près Saint-Denis-les-Ponts ! (Bellamy). — Fossés du Loir et de la Conie ! (L. Vuez).

Étang de Guipéreux, sur les limites du département.

PRIMULA, Primevère.

PRIMULA GRANDIFLORA (Lamk.), *Primevère à grande fleur*.

Nom pop. : *Primevère*.

AR. — Bois montueux humides. — Avril, mai. — ♃.

Arrond. de Chartres : Oisème !

Arrond. de Dreux : bois Yon ! Oulins ! (Brou). — Faverolles !

Arrond. de Châteaudun : La Boulidière ! (Bellamy). — Montigny-le-Gannelon !

Arrond. de Nogent-le-Rotrou : bois du Perchet ! (Duteyeul).

PRIMULA OFFICINALIS (Jacq.), *Primevère officinale*.

Noms pop. : *Coucou, Brayette*.

CC. — Pâturages, prairies, bois, taillis. — Mars, mai. — ♃.

PRIMULA VARIABILIS (Goup.), *Primevère variable*.

RR. — Bois couverts. — Mars, mai, — ♃.

Arrond. de Châteaudun : Nottonville ! (Duteyeul).

Arrond. de Nogent-le-Rotrou : Margon !

PRIMULA ELATIOR (Jacq.), *Primevère élevée*.

C. — Taillis ombragés, bois frais. — Avril, mai. — ♃.

LYSIMACHIA, Lysimaque.

LYSIMACHIA VULGARIS (Linn.), *Lysimaque commune*.

Nom pop. : *Chasse-bosse*.

C. — Bords des ruisseaux et des rivières, buissons humides. Juin, juillet. — ♃.

LYSIMACHIA NUMMULARIA (Linn.), *Lysimaque nummulaire*.

Noms pop. : *Monnoyère, Herbe aux écus*.

CC. — Prairies humides, berges des fossés, bords des mares.
Mai, juillet. — ♃.

CENTUNCULUS, Centenille.

CENTUNCULUS MINIMUS (Linn.), *Centenille naine.*

RR. — Champs sablonneux humides. — Juin, juillet. ①.

Arrond. de Dreux : Dreux (Daënen, herb.!). — Oulins! (Brou).
— Tardais, près Senonches!

ANAGALLIS, Mouron.

ANAGALLIS ARVENSIS (Linn.), *Mouron des champs.*

Mai, juillet. — ①.

α *Phœnicea.* — Fleurs rouges. — CC. — Champs, vignes.

β *Cærulea.* — Fleurs bleues. — C. — Champs, prairies artificielles.

ANAGALLIS TENELLA (Linn.), *Mouron délicat.*

R. — Prairies marécageuses, lieux tourbeux.
Juin, août. — ①.

Arrond. de Dreux : Oulins! (Brou). — Marais des Evées! Tardais! La Ferté-Vidame!

Arrond. de Nogent-le-Rotrou : Saint-Jean-Pierre-Fixte! (Duteyeul). — Étang de Guipéreux, sur les limites du département!

SAMOLUS, Samole.

SAMOLUS VALERANDI (Linn.), *Samole de Valerandus.*

Nom pop. : *Mouron d'eau.*

R. — Marais, lieux fangeux. — Juin, juillet. — ♃.

Arrond. de Dreux : Cherisy! Oulins! (Brou). — La Vesgre!
Tardais! Senonches!

Arrond. de Châteaudun : Conie! Cormainville! Varize! — Vallée de l'Aigre! (L. Vuez).

FAMILLE DES OLÉACÉES.

FRAXINUS, Frêne.

FRAXINUS EXCELSIOR (Linn.), *Frêne élevé.*

Nom pop. : *Frêne.*
AC. — Bois, forêts. — Avril, Mai. — ♄.

LIGUSTRUM, Troëne.

LIGUSTRUM VULGARE (Linn.), *Troëne commun.*

Noms pop. : *Troëne, Bois noir.*
C. — Haies, buissons, lisières des bois. — Juin, août. — ♄

FAMILLE DES APOCYNACÉES.

VINCA, Pervenche.

VINCA MINOR (Linn.), *Pervenche naine.*

Noms pop. : *Petite Pervenche, Violette de serpent.*
CC. — Lieux ombragés, bois, taillis couverts.
Mars, mai — ♃.

On cultive souvent dans les endroits rocailleux des parterres le *Vinca major* (Linn.) connu sous le nom de *Grande Pervenche*. Cette espèce n'a pas encore été rencontrée dans le département à l'état spontané; mais elle s'est naturalisée en quelques endroits notamment dans les haies aux environs de Lysambardière, arrond. de Châteaudun (L. Vuez).

Famille des ASCLÉPIADÉES.

VINCETOXICUM, Dompte-Venin.

Vincetoxicum officinale (Mœnch), *Dompte-venin officinal.*

Nom pop. : *Dompte-venin.*

RR. — Bois pierreux, côteaux calcaires herbeux.
Juin, juillet. — ♃.

Arrond. de Dreux : Anet ! Oulins !

Famille des GENTIANACÉES.

ERYTHRÆA, Erythrée.

Erythræa centaurium (Pers.), *Erythrée petite Centaurée.*

Nom pop. : *Petite Centaurée.*

CC. — Taillis, buissons, bords des bois. — Juillet, août. — ②.

Erythræa pulchella (Fries), *Erythrée élégante.*

AC. — Pâturages humides, lieux inondés l'hiver, bords des étangs et des mares. — Juillet, septembre. — ①.

CICENDIA, Cicendie.

Cicendia filiformis (Reich.), *Cicendie filiforme.*

RR. — Bords des étangs, marais tourbeux.
Juin, septembre. — ①.

Arrond. de Dreux : Châteauneuf ! (Duteyeul). — Étang de Tardais, près Senonches !

Étang de Guipéreux, sur les limites d'Eure-et-Loir !

Cicendia pusilla (Griseb.), *Cicendie naine.*

RR. — Bruyères tourbeuses, bords des étangs.
Juin, septembre. — ①.

Arrond. de Dreux : étang de Tardais où il est rare et localisé !
Marais des Évées, à Senonches !

CHLORA, Chlorette.

Chlora perfoliata (Linn.), *Chlorette perfoliée.*

RR. — Côteaux secs, pelouses arides. — Juin, août. — ①.
Arrond. de Dreux : Vernouillet (Daënen, herb. !). — Coche-
relle !
Arrond. de Châteaudun : Varize ! (Duteyeul).

GENTIANA, Gentiane.

Gentiana cruciata (Linn.), *Gentiane croisette.*

RR. — Côteaux calcaires arides. — Juillet, août. — ♃.
Arrond. de Dreux : Anet ! Oulins ! (Brou).

Gentiana pneumonanthe (Linn.), *Gentiane pneumonanthe.*

Nom pop. : *Pulmonaire des marais.*
R. — Prairies tourbeuses, lieux marécageux.
Juillet, septembre. — ♃.
Arrond. de Dreux : Cherisy (Daënen, herb. !). — Marais des
Évées à Senonches !
Arrond. de Nogent-le-Rotrou : Authon ! (Duteyeul).
Arrond. de Châteaudun : vallée de la Conie ! (L. Vuez).

Gentiana germanica (Willd.), *Gentiane Germanique.*

R. — Côteaux secs, pelouses rases des collines calcaires.
Août, septembre. — ①.
Arrond. de Dreux : Cocherelle ! Oulins ! Le Mesnil-Simon !

MENYANTHES, Ménianthe.

Menyanthes trifoliata (Linn.), *Ménianthe trifolié.*

Nom pop. : *Trèfle d'eau.*

AR. — Prairies marécageuses, lieux tourbeux.

Avril, mai. — ♃.

Arrond. de Chartres : Pont-Tranchefétu ! Saint-Luperce ! (Richard). — Illiers !

Arrond. de Dreux : Oulins ! (Brou). — Cherisy ! Cocherelle !

Arrond. de Châteaudun : Varize ! (Duteyeul). — Saint-Denis-les-Ponts ! (Marquis). — Douy ! La Boulidière ! — Près le moulin de Battereau à Saint-Hilaire-sur-Yerre ! (Bellamy). — Abondant dans les vallées du Loir et de la Conie ! (L. Vuez).

Etang de Guipéreux, sur les limites d'Eure-et-Loir !

LIMNANTHEMUM, Limnanthème.

Limnanthemum nymphoides (Link.), *Limnanthème Faux-nénuphar.*

Nom pop. : *Faux-nénuphar.*

RR. — Étangs, mares, eaux peu profondes.

Juillet, août. — ♃.

Arrond. de Dreux : Senonches !

Arrond. de Châteaudun : Saint-Christophe ! — Assez abondant dans les canaux du Loir à Douy ! (Marquis, Bellamy).

Famille des CONVOLVULACÉES.

CONVOLVULUS, Liseron.

Convolvulus sepium (Linn.), *Liseron des haies.*

Nom pop. : *Grand Liseron.*

CC. — Haies, buissons, bords des eaux.

Juin, septembre. — ♃.

Convolvulus arvensis (Linn.), *Liseron des champs.*

Noms pop. : *Clochette des champs, Vrillée.*

CC. — Bords des chemins herbeux, champs en friche, prairies artificielles. — Juin, août. — ♃.

CUSCUTA, Cuscute.

Cuscuta epithymum (Linn.), *Cuscute parasite.*

Noms pop. : *Teigne, Teignasse, Cuscute, Mange-tout, Cheveux du Diable.*

Prairies artificielles, bruyères. — Juillet, août.
Parasite sur les *Trifolium pratense, Medicago sativa, Sarothamnus scoparius, Ulex europœus et nanus, Erica cinerea.*

Il est assez difficile de préciser le degré de fréquence de cette plante, car, très-rare dans une contrée, elle peut être très-abondante dans une autre, selon les soins que mettent les propriétaires à l'expulser de leurs cultures.

Famille des BORRAGINÉES.

BORRAGO, Bourrache.

Borrago officinalis (Linn.), *Bourrache officinale.*

Nom pop. : *Bourrache.*

C. — Lieux cultivés, décombres, voisinage des habitations.
Juin, juillet. — ①.

SYMPHYTUM, Consoude.

Symphytum officinale (Linn.), *Consoude officinale.*

Nom pop. : *Consoude.*

CC. — Bords des rivières, fossés, prairies humides.
Mai, Juin. — ♃.

ANCHUSA, Buglosse.

Anchusa Italica (Retz.), *Buglosse d'Italie.*

Nom pop. : *Buglosse.*
AC. — Moissons, bords des chemins, lieux arides.
Juin, juillet. — ②.

LYCOPSIS, Lycopside.

Lycopsis arvensis (Linn.), *Lycopside des champs.*

Nom pop. : *Petite Buglosse.*
CC. — Bords des chemins, champs, moissons.
Juin, août. — ①.

LITHOSPERMUM, Grémil.

Lithospermum purpureo-cæruleum (Linn.), *Grémil violet.*

R. — Bois montueux des terrains calcaires.
Mai, juin. — ♃.
Arrond. de Dreux : forêt de Dreux (Daënen, herb.!).
Arrond. de Châteaudun : bois de Saint-Martin! (L. Vuez). —
Conie! Varize! (Duteyeul).

Lithospermum officinale (Linn.), *Grémil officinal.*

Noms pop. : *Grémil, Herbe aux perles.*

R. — Clairières et lisières des bois et des terrains calcaires.
Mai, juillet. — ♃.
Arrond. de Dreux : Boncourt!
Arrond. de Châteaudun : Varize! (Duteyeul).
Arrond. de Nogent-le-Rotrou : AC. dans les bois autour de la
ville! (Duteyeul).

Lithospermum arvense (Linn.), *Grémil des champs.*

C. — Bords des chemins, champs, moissons, vieux murs.
Avril, juillet. — ①.

ECHIUM, Vipérine.

ECHIUM VULGARE (Linn.), *Vipérine commune.*

Nom pop. : *Vipérine.*

CC. — Bords des chemins, lieux incultes, décombres, murs de la cathédrale et des anciens édifices. — Mai, juillet. — ②.

PULMONARIA, Pulmonaire.

PULMONARIA ANGUSTIFOLIA (Linn.), *Pulmonaire à feuilles étroites.*

Var. α *Vulgaris.* (Coss. et Germ., fl. par., éd. 1, 268. — *P. Angustifolia,* var. *azurea.* Coss. et Germ., fl. par., éd. 2, 330.)

CC. — Buissons, taillis, clairières des bois.
Mai, juin, ♃.

Var. β *Tuberosa.* (Coss. et Germ., fl. par., éd. 2, 330. — *P. tuberosa.* Schranck. — Gr. et Godr., fl. fr., p. 527).

AC. — Bois humides, buissons touffus.
Avril, mai. — ♃.

MYOSOTIS, Myosotis.

MYOSOTIS PALUSTRIS (Witer.), *Myosotis des marais.*

Noms pop. : *Ne m'oubliez pas, Forget me not, Vergissmein-nicht, Aimez-moi.*

CC. — Bords des eaux, fossés, prairies humides.
Mai, juillet. — ♃.

MYOSOTIS STRICTA (Linck), *Myosotis raide.*

RR. — Côteaux sablonneux. — Avril, mai. — ④.

Arrond. de Chartres : Epernon (de Schænefeld in Coss. et Germ., fl. par, éd. 2).

— 140 —

Myosotis versicolor (Pers.), *Myosotis versicolore*.

AC. — Côteaux sablonneux, lieux arides. — Mai, juin. — ①.

Myosotis hispida (Schlecht.), *Myosotis hispide*.

C. — Vieux murs, bords des chemins, lieux secs.
Mai, juillet. — ①.

Myosotis intermedia (Link), *Myosotis intermédiaire*.

Nom pop. : *Oreille de souris*.

CC. — Clairières des bois, bords des chemins herbeux.
Avril, juillet. — ①.

CYNOGLOSSUM, Cynoglosse.

Cynoglossum officinale (Linn.), *Cynoglosse officinale*.

Nom pop. : *Cynoglosse*.

AC. — Bords des chemins, lieux pierreux.
Mai, juin. — ②.

HELIOTROPIUM, Héliotrope.

Heliotropium Europæum (Linn.), *Héliotrope d'Europe*.

Noms pop. : *Héliotrope, Tournesol, Herbe à Saint-Fiacre*.
CC. — Champs, vignes, décombres.
Juillet, septembre. — ①.

Famille des SOLANÉES.

Solanum nigrum (Linn.), *Morelle noire*.

Noms pop. : *Morelle, Bonbon noir*.
Juin, septembre. — ①.

Var. α *Genuinum*. — CC. — Décombres, villages, champs, lieux herbeux, jardins en friche.

Var. β *Clorocarpum*. — AC. — Jardins en friche, lieux herbeux.

Var. γ *Miniatum*. — RR. — Lieux incultes, pieds des murs.
Arrond. de Châteaudun : derrière la ferme de Thoreau, près Saint-Denis-les-Ponts (Marquis).

Var. β *Villosum*. — RR. — Env. de Dreux (Daënen, herb. !).

SOLANUM DULCAMARA (Linn.), *Morelle douce-amère.*

CC. — Haies, bords des fossés, buissons humides.
Juin, août. — ♄.

LYCIUM, Lyciet.

LYCIUM COMMUNE (Dun.), *Lyciet commun.*

Nom. pop. : *Lyciet.*

RR. — Haies, buissons. — Juin, août. — ♄.

Arrond. de Châteaudun : AC. autour de la ville ! (Duteycul. L. Vuez).

PHYSALIS, Coqueret.

PHYSALIS ALKEKENGI (Linn.), *Coqueret alkékenge.*

Noms pop. : *Alkékenge, Coqueret, Herbe à cloques.*

R. — Vignes, lieux incultes. — Juin, juillet. — ♃.

Arrond. de Dreux : Gilles! Saint-Ouen-Marchefroy! (Brou).

Arrond. de Châteaudun : Vignes des Abrés, près Saint-Denis-les-Ponts! (Bellamy). — Yèvres! (Duteycul). — La Boissière! (L. Vuez).

ATROPA, Belladone.

ATROPA BELLADONA (Linn.), *Belladone officinale.*

Nom pop. : *Belladone.*

AR. — Bois montueux, forêts, buissons. — Juin, juillet. — ♃.

Arrond. de Chartres : Jouy-sur-Eure !

Arrond. de Dreux : forêt de Dreux ! (Daënen). — Boncourt !
(Brou).

Arrond. de Nogent-le-Rotrou : çà et là dans les buissons du
Perche !

Arrond. de Châteaudun : Civry ! (Duteyeul).

DATURA, Datura.

DATURA STRAMONIUM (Linn.), *Datura stramoine*.

Noms pop. : *Stramonium, Datura, Pomme épineuse*.

AC. — Décombres, villages, lieux incultes, surtout dans les
plaines de la Beauce. — Juillet, septembre. — ①.

HYOSCYAMUS, Jusquiame.

HYOSCYAMUS NIGER (Linn.) *Jusquiame noire*.

Nom pop. : *Jusquiame*.

C. — Bords des chemins, lieux incultes, pied des murs dans
les villages. — Mai, juin. — ①.

FAMILLE DES VERBASCÉES.

VERBASCUM, Molène.

VERBASCUM THAPSIFORME (Schrad.), *Molène médicinale*.

Noms pop. : *Molène, Bouillon-blanc* (1).

CC. — Lieux pierreux incultes, bords des chemins, décombres. — Juillet, août. — ②.

VERBASCUM THAPSUS (Linn.), *Molène commune*.

C. — Champs, bords des chemins. — Juillet, août. — ①.

(1) Ces noms vulgaires sont donnés indistinctement à toutes les espèces
du genre.

Verbascum pulverulentum (Vill.), *Molène pulvérulente.*

C. — Bords des routes et des chemins, lieux sablonneux.
Juin, août. — ②.

Verbascum lychnitis (Linn.), *Molène lychnis.*

C. — Bords des routes, champs pierreux incultes.
Juin, août. — ②.

Verbascum blattaria (Linn.), *Molène blattaire.*

Nom pop. : *Herbe aux mites.*
CC. — Bords des chemins, fossés secs, lieux incultes.
Juin, septembre. — ②.

Verbascum blattarioides (Lamk), *Molène fausse-blattaire.*

RR. — Lieux arides, bords des routes.
Juin, septembre. — ②.
Arrond. de Chartres : Courville (Duteyeul).
Arrond. de Châteaudun : près le pont de Viltier à Châteaudun
(Bellamy).

Verbascum nigrum (Linn.), *Molène noire.*

R. — Côteaux pierreux, bords des chemins.
Juillet, septembre. — ②.
Arrond. de Dreux : Cochercllc! Montreuil!
Env. de Nogent-le-Rotrou et de Châteaudun (Duteyeul).

Famille des SCROPHULARIÉES.

SCROPHULARIA, Scrofulaire.

Scrophularia nodosa (Linn.), *Scrofulaire noueuse.*

CC. — Bords des ruisseaux, taillis, bois humides.
Juin, août. — ♃.

— 144 —

Scrophularia aquatica (Linn.), *Scrofulaire aquatique.*

Noms pop. : *Scrofulaire, Herbe-carrée, Bétoine d'eau.*
CC. — Bords des ruisseaux, des fossés et des rivières.
Juin, juillet. — ♃.

ANTIRRHINUM, Mûlier.

Antirrhinum orontium (Linn.), *Mûflier rubicond.*

CC. — Champs en friche, décombres. — Juillet, août. — ①.

Antirrhinum majus (Linn.), *Mûflier à grande fleur.*

Noms pop. : *Gueule de loup, Mufle de veau, Tête de mort.*
CC. — Vieux murs, vieilles murailles, anciens édifices.
Juin, septembre. — ♃.

LINARIA, Linaire.

Linaria cymbalaria (Mill.), *Linaire cymbalaire.*

Nom pop. : *Cymbalaire.*
AC. — Murs humides, vieilles murailles, anciens châteaux.
Mai, octobre. — ♃.

Linaria spuria (Mill.), *Linaire bâtarde.*

CC. — Champs en friche, berge des fossés.
Juin, octobre. — ①.

Linaria elatine (Mill.), *Linaire élatiné.*

C. — Champs en friche, revers des fossés des routes.
Juin, septembre. — ①.

Linaria vulgaris (Mill.), *Linaire commune.*

Nom pop. : *Linaire.*
CC. — Bords des chemins, champs, berges des fossés.
Juillet, août. — ♃.

Linaria Pelisseriana (D. C.), *Linaire de Pélissier.*

RR. — Côteaux secs, champs sablonneux.
Mai, septembre. — ①.
Arrond. de Châteaudun : Lanneray !
Arrond. de Nogent-le-Rotrou : Le Croisilles ! (Duteyeul).

Linaria arvensis (Desf.), *Linaire des champs.*

RR. — Champs arides, moissons maigres des terrains sablonneux. — Juin, août. — ①.
Arrond. de Châteaudun : Saint-Christophe ! (Duteyeul).

Linaria striata (D. C.), *Linaire striée.*

R. — Côteaux calcaires. — Juillet, août. — ♃.
Arrond. de Chartres : abondant sur le côteau d'Escuillières
près Gallardon !
Arrond. de Nogent-le-Rotrou : Thiron ! (Duteyeul).

Linaria supina (Desf.), *Linaire couchée.*

C. — Champs, vieux murs, bords des chemins.
Juin, septembre. — ①.

Linaria minor (Desf.), *Linaire naine.*

CC. — Lieux incultes, champs, vieux murs.
Juillet, octobre. — ①.

GRATIOLA, Gratiole.

Gratiola officinalis (Linn.), *Gratiole officinale.*

Noms pop. : *Gratiole, Herbe au pauvre homme.*
R. — Lieux marécageux, prairies tourbeuses.
Juin, juillet. — ♃.
Arrond. de Chartres : Courville !
Arrond. de Châteaudun : Lanneray (Daënen, herb.!) — Varize !
Saumeray ! (Duteyeul).

VERONICA, Véronique.

VERONICA TEUCRIUM (Linn.), *Véronique teucriette.*

Juillet, août. — ♃.

α *Latifolia.* — C. — Bords des bois, taillis, buissons.

β *Intermedia.* — AC. — Côteaux herbeux, buissons. ·

γ *Prostrata.* — RR. — Côteaux calcaires arides. — Arrond.

de Dreux : entre Cocherelle et Muzy !

VERONICA CHAMOEDRYS (Linn.), *Véronique petit-chêne.*

CC. — Bois, haies, pelouses herbeuses. — Avril, juin. — ♃.

VERONICA BECCABUNGA (Linn.), *Véronique beccabonga.*

Nom pop. : *Cresson de cheval.*

CC. — Fossés, ruisseaux, prairies·humides.
Mai, août. — ♃.

VERONICA ANAGALLIS (Linn.), *Véronique mouron.*

CC. — Fossés, ruisseaux, lieux marécageux.
Juin, septembre. — ♃.

VERONICA SCUTELLATA (Linn.), *Véronique en écusson.*

R. — Lieux marécageux, bords des étangs, marais.
Juin, septembre. — ♃.
Arrond. de Dreux : marais des Evées à Senonches ! — Etang
de Tardais ! ·
Arrond. de Nogent-le-Rotrou : étang de Villebon ! (Duteyeul).
Arrond. de Châteaudun : AC ! (L. Vuez).
Etang de Guipéreux ! sur les limites du département.

VERONICA MONTANA (Linn.), *Véronique de montagne.*

RR. — Forêts montueuses, hautes futaies.
Mai, juin. — ♃.
Arrond. de Dreux : forêt de Dreux (Daënen, herb. !) et de Se-
nonches près des Menus !

VERONICA OFFICINALIS (Linn.), *Véronique officinale.*

Noms pop. : *Véronique mâle, Thé d'Europe.*

CC. — Bois, buissons, taillis ombragés. — Juin, juillet. — ♃.

VERONICA SERPYLLIFOLIA (Linn.), *Véronique à feuilles de serpolet.*

CC. — Bords des fossés, bois couverts, taillis humides. Mai, octobre. — ♃.

VERONICA ARVENSIS (Linn.), *Véronique des champs.*

CC. — Vignes, champs en friche. — Avril, septembre. — ①.

VERONICA VERNA (Linn.), *Véronique printanière.*

RR. — Pelouses sablonneuses, côteaux secs. Avril, mai. — ①.

Arrond. de Chartres : Epernon (de Schœnefeld in Coss. et Germ., fl. par., éd. 2).

VERONICA ACINIFOLIA (Linn.), *Véronique à feuilles de thym.*

R. — Champs argileux humides. — Avril, juin. — ①.

Arrond. de Chartres : Chartainvilliers! Saint-Aubin-les-Bois! Courville!

Arrond. de Châteaudun : La Boulidière! (Bellamy). — Lanneray! (L. Vuez).

VERONICA TRIPHYLLOS (Linn.), *Véronique digitée.*

AC. — Champs sablonneux. — Mars, mai. — ①.

VERONICA PRÆCOX (All.), *Véronique précoce.*

RR. — Champs sablonneux, côteaux pierreux. Mars, avril. — ①.

Arrond. de Châteaudun : Varize! Dancy! (Duteyeul).

VERONICA BUXBAUMII (Ten.), *Véronique de Buxbaume.*

RR. — Fossés des champs, prairies artificielles. Avril, mai. — ①.

Àrrond. de Chartres : abondant à Beaulieu! Oisème! et Long-sault!

VERONICA AGRESTIS (Linn.), *Véronique rustique.*

CC. — Vignes, champs en friche, bords des chemins.
Mars, octobre. — ①.

VERONICA HEDERÆFOLIA (Linn.), *Véronique à feuilles de lierre.*

CC. — Champs en friche, vignes, bords des chemins.
Mars, juin. — ①.

LIMOSELLA, Limoselle.

LIMOSELLA AQUATICA (Linn.), *Limoselle aquatique.*

R. — Lieux sablonneux inondés, bords des étangs.
Juillet, août. — ①.
Arrond. de Chartres : Courville!
Arrond. de Dreux : Mézières-en-Drouais! Tardais! Senonches!

DIGITALIS, Digitale.

DIGITALIS LUTEA (Linn.), *Digitale jaune.*

RR. — Côteaux calcaires arides. — Juin, août. — ♃.
Arrond. de Dreux : Les Buissons, commune de Boissy-le-Sec!
Arrond. de Châteaudun : La Roche, près Douy! (Bellamy).

DIGITALIS PURPUREA (Linn.), *Digitale pourprée.*

Noms pop. : *Digitale rouge, Gants de Notre-Dame.*
CC. — Bois, taillis, côteaux herbeux. — Juin, août. — ①.

EUPHRASIA, Euphraise.

EUPHRASIA OFFICINALIS (Linn.), *Euphraise officinale.*

Juin, août. — ①.

α *Pratensis.* — CC. — Bruyères, bords des bois, lieux herbeux.

β *Nemorosa*. — C. — Pelouses sèches, côteaux herbeux.
γ *Grandiflora*. — RR. — Côteaux calcaires arides. — Arrond.
de Chartres : Maintenon !

ODONTITES, Odontites.

ODONTITES RUBRA (Pers.), *Odontites rouge*.

Juin, juillet. — ①.

α *Verna*. — CC. — Lisières des bois, lieux herbeux.
β *Serotina*. — C. — Champs, moissons.

EUPHRAGIA, Eufragie.

EUPHRAGIA VISCOSA (Benth.), *Eufragie visqueuse*.

RR. — Champs sablonneux. — Juin, juillet. — ①.
Arrond. de Châteaudun : Courtalain ! Arrou ! (Duteyeul).

RHINANTHUS, Rhinanthe.

RHINANTHUS MAJOR (Ehrh.), *Rhinanthe majeur*.

Nom pop. : *Crête de coq*.
Mai, juillet. — ①.

α *Glaber*. Calice et bractées glabres.
PC. — Prairies, pâturages.

β *Hirsutus*. Calice et bractées velus.
CC. — Prairies, pâturages.

RHINANTHUS MINOR (Ehrh.), *Rhinanthe mineur*.

RR. — Friches des terrains sablonneux. — Mai, juillet. — ①.
Arrond. de Châteaudun : La Sablonnière ! — Abondant d'ail-
leurs dans toute la région entre Châteaudun et Cloyes ! (L.
Vuez).

RHINANTHUS ANGUSTIFOLIUS (Gmel.), *Rhinanthe à feuilles étroites.*

RR. — Bruyères des bois montueux. — Mai, juillet. — ①.

Arrond. de Châteaudun : Valainville, commune de Moléans !
(L. Vuez).

PEDICULARIS, Pédiculaire.

PEDICULARIS PALUSTRIS (Linn.), *Pédiculaire des marais.*

Noms pop. : *Pédiculaire, Herbe aux poux.*

AR. — Prairies marécageuses. — Mai, Juin. — ♃.

Arrond. de Dreux : Cherisy ! Oulins ! Boncourt !

Arrond. de Nogent-le-Rotrou : Thiron ! Saint-Jean-Pierre-Fixte ! (Duteyeul).

Arrond. de Châteaudun : vallée de la Conie ! (L. Vuez). — vallée de l'Aigre !

PEDICULARIS SYLVATICA (Linn.), *Pédiculaire des bois.*

C. — Taillis, pelouses rases, allées et clairières des bois.
Mai, juin. — ♃.

MELAMPYRUM, Mélampyre.

MELAMPYRUM CRISTATUM (Linn.), *Mélampyre à crête.*

C. — Clairières des bois, côteaux herbeux.
Juin, août. — ①.

MELAMPYRUM PRATENSE (Linn.), *Mélampyre des prés.*
CC. — Bois, taillis, prairies. — Juin, juillet. — ①.

MELAMPYRUM ARVENSE (Linn.), *Mélampyre des champs.*

Noms pop. : *Rougeole, Blé de vache.*
CC. — Champs, moissons. — Juin, juillet. — ①.

Famille des OROBANCHÉES.

PHELIPÆA, Phélipée.

PHELIPÆA CÆRULEA (Coss. et Germ.), *Phélipée bleuâtre.*

R. — Parasite sur les racines d'*Achillæa millefolium.*

Juin, juillet. — ♃.

Arrond. de Chartres : lisières d'un bois bordant le chemin de Chartres à Saint-Georges-sur-Eure (Dr Corbin).

Assez abondant dans toute la Beauce Dunoise, à l'E. de Châteaudun (Duteyeul).

OROBANCHE, Orobanche.

OROBANCHE RAPUM (Thuill.), *Orobanche rave.*

Nom pop. : *Orobanche.*

CC. — Bois, bruyères; parasite sur les racines du *Sarothamnus scoparius.* — Mai, juin. — ♃.

OROBANCHE CRUENTA (Bert.), *Orobanche sanglante.*

AR. — Pâturages, côteaux, bois secs du calcaire.

Juin, juillet. — ♃.

Arrond. de Chartres : Saint-Prest ! (Richard). — Sur le *Lotus corniculatus.*

Arrond. de Dreux : abondant sur le côteau entre Montreuil et Fermaincourt ! Oulins ! Boncourt ! sur l'*Hippocrepis comosa.*

Env. de Nogent-le-Rotrou (Duteyeul).

β *Citrina.* — RR. — Avec le type, dans la Garenne d'Hector entre Oulins et Boncourt !

OROBANCHE EPITHYMUM (D. C.), *Orobanche du thym.*

AC. — Collines sèches, pelouses rases des bords des chemins, bruyères; parasite sur les racines du *Thymus serpyllum.*

Juin, juillet. — ♃.

Orobanche galii (Dub.); *Orobanche du gaillet.*

RR. — Bords des champs. — Juin, juillet. — ♃.

Parasite sur les *Galium verum* et *mollugo.*

Indiqué aux environs de Nogent-le-Rotrou par M. Duteyeul, qui ne m'en a pas communiqué d'échantillons.

FAMILLE des LABIÉES.

MENTHA, Menthe.

Mentha rotundifolia (Linn.), *Menthe à feuilles rondes.*

Noms pop. : *Menthe sauvage, Baume.*
CC. — Fossés, bords des chemins et des ruisseaux.
Juillet, août. — ♃.

Mentha sylvestris (Linn.), *Menthe sylvestre.*

RR. — Lieux frais, pieds des murs dans les villages.
Juillet, août. — ♃.
Arrond. de Dreux : La Saucelle ! (Duteyeul).

Mentha viridis (Linn.), *Menthe verte.*

RR. — Haies, pied des murs. An spont.?
Juillet, août. — ♃.
Env. de Dreux (Daënen, herb.).

Mentha aquatica (Linn.), *Menthe aquatique.*

CC. — Bords des eaux, fossés, marécages, lieux aquatiques, bords des mares. — Juillet, août. — ♃.

Mentha arvensis (Linn.), *Menthe des champs.*

AC. — Champs humides, fossés. — Juillet, août. — ♃.

Mentha pulegium (Linn.), *Menthe pouliot.*

Nom pop. : *Pouliot.*

CC. — Bords des ruisseaux, fossés, lieux humides.
Juillet, août. — ♃.

LYCOPUS, Lycope.

Lycopus Europæus (Linn.), *Lycope d'Europe.*

Noms pop. : *Marrube aquatique, Pied-de-loup.*
CC. — Bords des ruisseaux, fossés, lieux humides.
Juillet, août. — ♃.

ORIGANUM, Origan.

Origanum vulgare (Linn.), *Origan commun.*

Nom pop. : *Origan.*
CC. — Clairières des bois, bruyères. — Juillet, août. — ♃.

THYMUS, Thym.

Thymus serpyllum (Linn.), *Thym serpolet.*

Nom pop. : *Serpolet.*
CC. — Bords des chemins, pelouses, côteaux secs.
Juillet, septembre. — ♃.

CALAMINTHA, Calament.

Calamintha officinalis (Mœnch), *Calament officinal.*

RR. — Côteaux arides, lisières des bois.
Juillet, août. — ♃.
Arrond. de Nogent-le-Rotrou : Margon ! (Duteyeul).

Calamintha acinos (Benth.), *Calament acinos.*

C. — Champs, bords des chemins. — Juin, août. — ☉.

CLINOPODIUM, Clinopode.

CLINOPODIUM VULGARE (Linn.), *Clinopode commun.*

Noms pop. : *Clinopode, Grand Basilic sauvage.*
CC. — Lisières des bois, taillis, buissons.
Juillet, août. — ♃.

MELISSA, Mélisse.

MELISSA OFFICINALIS (Linn.), *Mélisse officinale.*

Nom pop. : *Mélisse.*
RR. — Subspontané. Villages, vignes, voisinage des habita-
tions. — Juillet, août. — ♃.
Arrond. de Chartres : talus de la butte des Charbonniers, à
Chartres !
Arrond. de Châteaudun : rochers du château ! — Marboué !
(Duteyeul).

SALVIA, Sauge.

SALVIA SCLAREA (Linn.), *Sauge sclarée.*

Nom pop. : *Sclarée.*
R. — Côteaux calcaires, voisinage des vieux châteaux.
Juin, juillet. — ♃.
Arrond. de Dreux : Mézières-en-Drouais ! Montreuil ! Bon-
court !
Arrond. de Châteaudun : Moléans ! (Duteyeul).

SALVIA PRATENSIS (Linn.), *Sauge des prés.*

CC. — Prairies, pâturages, pelouses herbeuses, bords des
chemins. — Mai, juillet. — ♃.

SALVIA VERBENACA (Linn.), *Sauge verveine.*

RR. — Côteaux calcaires arides. — Mai, août. — ♃.
Abondant sur toute la côte de Dreux !

GLECHOMA, Gléchome.

GLECHOMA HEDERACEA (Linn.), *Gléchome lierre-terrestre*

Nom pop. : *Lierre-terrestre.*

CC. — Bois humides, taillis, prairies, buissons.
Avril, mai. — ♃.

LAMIUM, Lamier.

LAMIUM AMPLEXICAULE (Linn.), *Lamier amplexicaule*

Nom pop. : *Pas de poule.*

CC. — Champs, vignes, vieux murs de terre.
Avril, octobre. — ①.

LAMIUM INCISUM (Willd.), *Lamier découpé.*

RR. — Champs en friche, bords des chemins.
Avril, mai. — ①.
Arrond. de Nogent-le-Rotrou : Margon ! (Duteyeul).

LAMIUM PURPUREUM (Linn.), *Lamier pourpre.*

Nom pop. : *Ortie rouge.*

CC. — Vignes, bords des chemins, champs en friche.
Avril, octobre. — ①.

LAMIUM ALBUM (Linn.), *Lamier blanc.*

Nom pop. : *Ortie blanche.*

CC. — Lieux cultivés et incultes, décombres, villages, lieux
herbeux. — Avril, mai. — ♃.

LAMIUM GALEOBDOLON (Crantz), *Lamier jaune.*

Nom pop. : *Ortie jaune.*

C. — Bois, taillis, haies, buissons, lieux ombragés.
Mai, juin. — ♃.
Aux env. de Châteauneuf, cette espèce remplace presque le
Lamium album !

LEONURUS, Agripaume.

LEONURUS CARDIACA (Linn.), *Agripaume cardiaque.*

Nom pop. : *Agripaume.*
R. — Villages, bords des chemins. — Juin, août. — ♃.
Arrond. de Dreux : Oulins ! (Brou).
Arrond. de Châteaudun : moulin de Saint-Avit ! (Bellamy).
Hameau des Chaises, entre Raizeux et Guipéreux ! (Seine-et-Oise), près des limites du département.

GALEOPSIS, Galéopsis.

GALEOPSIS LADANUM (Linn.), *Galéopsis ladane.*

Nom pop. : *Gueule de chat.*
CC. — Moissons, lieux incultes, décombres.
Juillet, septembre. — ①.

GALEOPSIS OCHROLEUCA (Lamk.), *Galéopsis jaune.*

AR. — Champs arides des terrains calcaires.
Juillet, août. — ①.
Arrond. de Dreux : Crécy-Couvé ! Tréon ! Montreuil ! Château-neuf !
Arrond. de Châteaudun : Saint-Denis-les-Ponts ! (Bellamy).

Var. β *Purpurescens.* — Fleurs purpurines.

R. — J'ai trouvé cette variété remarquable dans un paquet de *G. ochroleuca*, type, envoyé vivant par M. Bellamy, et récolté par lui à Saint-Denis-les-Ponts !

GALEOPSIS TETRAHIT (Linn.), *Galéopsis tétrahit.*

Noms pop. : *Cramois, Chanvre sauvage.*
CC. — Lisières des bois, prairies, haies, buissons.
Juillet, août. — ①.

STACHYS, Epiaire.

STACHYS GERMANICA (Linn.), *Epiaire d'Allemagne.*

Nom. pop. : *Epiaire.*

AC. — Bords des chemins, lieux incultes.

Juillet, août. — ②.

STACHYS ALPINA (Linn.), *Epiaire des Alpes.*

R. — Bois montueux, forêts. — Juillet, août. — ♃.

Arrond. de Dreux : forêt de Dreux! (Daënen).

Arrond. de Châteaudun : bois, près le moulin de Moncelair, à Saint-Denis-les-Ponts! (Bellamy). — Bois du moulin de Battereau, près Saint-Hilaire-sur-Yerre!—Varize! Conie! (Duteyeul).

STACHYS SYLVATICA (Linn.), *Epiaire des bois.*

Nom pop. : *Ortie puante.*

CC. — Buissons, haies, taillis, lieux ombragés.

Juin, août. — ♃.

STACHYS PALUSTRIS (Linn.), *Epiaire des marais.*

Nom pop. : *Ortie morte.*

CC. — Bords des fossés, berges des ruisseaux et des rivières.

Juin, août. — ♃.

STACHYS ARVENSIS (Linn.), *Epiaire des champs.*

C. — Champs en friche, lieux inondés l'hiver.

Juin, août. — ①.

STACHYS ANNUA (Linn.), *Epiaire annuelle.*

C. — Champs arides, côteaux calcaires.

Juillet, octobre. — ①.

STACHYS RECTA (Linn.), *Epiaire dressée.*

R. — Côteaux calcaires. — Juin, août. — ♃.

Arrond. de Chartres : Maintenon !

Arrond. de Dreux : abondant sur toute la côte, à Montreuil !
Fermaincourt ! Anet ! Oulins ! Boncourt ! etc.
Arrond. de Châteaudun : Varize !

BETONICA, Bétoine.

BETONICA OFFICINALIS (Linn.), *Bétoine officinale.*
Nom pop. : *Bétoine.*
CC. — Lisière des bois, taillis. — Juin, août. — ♃.

BALLOTA, Ballote.

BALLOTA FOETIDA (Lamk), *Ballote fétide.*
Noms pop. : *Ballotte, Marrube noir.*
CC. — Bords des chemins, villages, décombres.
Juin, août. — ♃.

MARRUBIUM, Marrube.

MARRUBIUM VULGARE (Linn.), *Marrube commun.*
Nom pop. : *Marrube blanc.*
CC. — Décombres, bords des routes, villages.
Juillet, septembre. — ♃.

MELITTIS, Mélitte.

MELITTIS MELISSOPHYLLUM (Linn.), *Mélitte des bois.*
Nom pop. : *Mélisse des bois.*
CC. — Bois, taillis. — Juin, août. — ♃.

SCUTELLARIA, Toque.

SCUTELLARIA COLUMNÆ (All.), *Toque de Columna.*
RR. — Naturalisé au bois Yon et sur la lisière de la forêt de Dreux, où l'on présume qu'il y fut semé par Marquis, l'illustre collaborateur de Loiseleur-Deslongchamps.

SCUTELLARIA GALERICULATA (Linn.), *Toque casside.*

Nom pop. : *Toque.*

CC. — Prairies, lieux humides, bords des fossés et des rivières. Juillet, août. — ♃.

Arrond. de Dreux : marais des Évées à Senonches! Cherisy! Tardais!

Arrond. de Nogent-le-Rotrou : Le Croisille! Montireau! (Duteyeul).

BRUNELLA, Brunelle.

BRUNELLA VULGARIS (Linn.), *Brunelle commune.*

CC. — Prairies, bords des chemins herbeux, lisières des bois. Juin, août. — ♃.

BRUNELLA ALBA (Pall.), *Brunelle blanche.*

Juin, août. — ♃.

α *Integrifolia.* — AC. — Bois secs, bords des chemins.

β *Pinnatifida.* — C. — Pelouses sèches des bords des chemins, côteaux calcaires, pelouses montueuses.

BRUNELLA GRANDIFLORA (Mœnch), *Brunelle à grande fleur.*

AR. — Côteaux calcaires, pelouses sèches. Juin, août. — ♃.

Arrond. de Dreux : Cocherelle! Montreuil! Tréon! — Oulins? (Brou).

Arrond. de Chartres : Béville-le-Comte!

Arrond. de Châteaudun : Varize! (Duteyeul).

AJUGA, Bugle.

AJUGA REPTANS (Linn.), *Bugle rampante.*

CC. — Prairies, bois, taillis ombragé. — Mai, juin. ♃.

AJUGA GENEVENSIS (Linn.), *Bugle feuillue.*

C. — Bords des routes et des champs. — Mai, juin. — ♃.

AJUGA CHAMÆPITYS (Schreb.), *Bugle petit pin.*

Nom pop. : *Yvette.*

C. — Côteaux calcaires, champs sablonneux.
Juin, août. — ①.

TEUCRIUM, Germandrée.

TEUCRIUM SCORODONIA (Linn.), *Germandrée scorodone.*

Noms pop. : *Germandrée sauvage, Sauge des bois.*
CC. — Bois, taillis, buissons. — Juin, août. — ♃.

TEUCRIUM BOTRYS (Linn.), *Germandrée botrys.*

C. — Côteaux calcaires, champs pierreux.
Juillet, octobre. — ①.

TEUCRIUM SCORDIUM (Linn.), *Germandrée aqualique.*

RR. — Marais, lieux tourbeux. — Juin, août. — ♃.
Arrond. de Châteaudun : Lanneray ! (Daënen).

TEUCRIUM CHAMÆDRYS (Linn.) *Germandrée officinale.*

Nom pop. : *Petit-chêne.*
AR. — Côteaux calcaires. — Juin, août. ♃.
Arrond. de Chartres : Maintenon ! Béville-le-Comte ! Gallardon !
Arrond. de Dreux : Montreuil ! Fermaincourt ! Anet ! Oulins !

TEUCRIUM MONTANUM (Linn.), *Germandrée de montagne.*

R. — Côteaux calcaires arides. — Juin, août. — ♃.
Arrond. de Dreux : Montreuil ! Fermaincourt ! Anet ! Oulins !
Arrond. de Châteaudun : Varize ! Bonneval ! Lutz ! (Dutcyeul).

Famille des VERBÉNACÉES.

Verbena officinalis (Linn.), *Verveine officinale.*

Noms pop. : *Verveine, Herbe sacrée.*

CC. — Bords des chemins, décombres, lieux incultes, villages. — Juin, octobre. — ① ou ♃.

Famille des PLANTAGINÉES.

PLANTAGO, Plantain.

Plantago major (Linn.), *Plantain à grandes feuilles.*

Nom pop. : *Grand Plantain.*

CC. — Bords des chemins, décombres, villages.
Juillet, octobre. — ♃.

Plantago media (Linn.), *Plantain moyen.*

Nom pop. : *Plantain bâtard.*

CC. — Bords des chemins, prairies, lieux herbeux.
Mai, juin. — ♃.

Plantago lanceolata (Linn.), *Plantain lancéolé.*

CC. — Prairies, lieux herbeux. — Avril, octobre. — ♃.

Plantago coronopus (Linn.), *Plantain corne-de-cerf.*

Nom pop. : *Corne-de-cerf.*

C. — Bords des chemins, lieux sablonneux.
Juin, août. — ♃.

Plantago carinata (Schrad.), *Plantain caréné.*

RR. — Pelouses sèches, bords des chemins des terrains sablonneux. — Mai, juin. — ♃.

Arrond. de Chartres : Courville ! (Duteyeul).

Arrond. de Châteaudun : abondant dans toute la vallée du Loir à Marboué ! Alluyes ! Saint-Christophe ! (Duteyeul). — La Sablonnière ! (L. Vuez), etc.

> β *Bracteata.* — Bractées environ une fois plus longues que le calice, çà et là avec le type, mais surtout dans les endroits où l'eau a séjourné.

Plantago arenaria (Waldst.), *Plantain des sables.*

RR. — Lieux sablonneux arides. — Juin, août. — ①.

Arrond. de Dreux : Oulins (Brou).

Je n'ai pas vu d'échantillons provenant de cette localité.

LITTORELLA, Littorelle.

Littorella lacustris (Linn.), *Littorelle des étangs.*

RR. — Étangs, marais. — Mai, juillet. — ♃.

Arrond. de Dreux : étang de Tardais ! (Richard). — La Ferté-Vidame ! marais des Évées, à Senonches !

Famille des PLUMBAGINÉES.

ARMERIA, Arméria.

Armeria plantaginea (Willd.), *Arméria à feuilles de plantain.*

RR. — Côteaux sablonneux. — Juin, août. — ♃.

Arrond. de Chartres : Epernon, où il est assez abondant !

Famille des GLOBULARIÉES.

GLOBULARIA, Globulaire.

GLOBULARIA VULGARIS (Linn.), *Globulaire commune*.
RR. — Côteaux calcaires. — Avril, juin. — ♃.
Arrond. de Dreux : Anet ! (Daënen, Brou).

Famille des AMARANTACÉES.

AMARANTHUS, Amarante.

AMARANTHUS BLITUM (Linn.), *Amarante blète*.
CC. — Décombres, pieds des murs, lieux incultes.
Juillet, septembre. — ①.

AMARANTHUS RETROFLEXUS (Linn.), *Amarante réfléchie*.
AC. — Bords des routes, décombres, pieds des murs dans les
villages. — Juillet, septembre. ①.

POLYCNEMUM, Polycnème.

POLYCNEMUM ARVENSE (Linn.), *Polycnème des champs*.
Juillet, septembre. — ①.
β *Majus*. — RR. — Champs pierreux arides.
Arrond. de Châteaudun : bords de la route entre
Jallans et Varize ! — Lutz ! (Dutcyeul).

Famille des SALSOLACÉES.

ATRIPLEX, Arroche.

Atriplex hastata (Linn.), *Arroche hastée.*

C. — Bords des chemins, fossés des routes, décombres.
Juillet, août. — ①.

Atriplex patula (Linn.), *Arroche étalée.*

CC. — Villages, décombres, fossés, voisinage des habitations.
Juillet, août. — ①.

CHENOPODIUM, Chénopode.

Chenopodium vulvaria (Linn.), *Chénopode vulvaire.*

Nom pop. : *Vulvaire.*
CC. — Bords des chemins, décombres, pied des murs.
Juillet, août. — ①.

Chénopodium album (Linn.), *Chénopode blanc.*

Nom pop. : *Poule-grasse.*
CC. — Villages, pied des murs, décombres.
Juillet, septembre. — ①.

β *Viride.* — AC. — Voisinage des habitations, cours, pied
des murs dans les villages.

Chenopodium murale (Linn.), *Chénopode des murs.*

CC. — Bords des chemins, basses-cours, terrains vagues.
Juillet, septembre. — ①.

Chenopodium hybridum (Linn.), *Chénopode hybride.*

RR. — Décombres, terrains vagues. — Juillet, août. — ①.
Arrond. de Châteaudun : Nottonville ! (Duteyeul).
Env. de Nogent-le-Rotrou (Duteyeul).

BLITUM, Blite.

BLITUM BONUS-HENRICUS (Rchb.), *Blite bon-Henri.*

Noms pop. : *Epinard sauvage, Herbe du bon Henri.*

AC. — Pied des murs, villages, basses-cours près des fumiers. — Juin, septembre. — ♃.

FAMILLE DES POLYGONÉES.

RUMEX, Rumex.

RUMEX PALUSTRIS (Smith), *Rumex des marais.*

RR. — Bords des rivières, lieux marécageux.
Juillet, septembre. — ♃.
Arrond. de Chartres : Courville!

RUMEX MARITIMUS (Linn.), *Rumex maritime.*

R. — Lieux marécageux, bords des étangs.
Juillet, octobre. — ②.
Arrond. de Châteaudun : bords de la Conie, vers Nottonville!
(Duteyeul).
Arrond. de Nogent-le-Rotrou : étangs de Villebon!

RUMEX PULCHER (Linn.), *Rumex violon.*

AC. — Pied des murs, villages, bords des chemins.
Juin, août. — ♃.

RUMEX OBTUSIFOLIUS (Linn.), *Rumex à feuilles obtuses.*

Nom pop. : *Patience sauvage.*

CC. — Bords des champs, prairies. — Juillet, août. — ♃.

Rumex conglomeratus (Murr.), *Rumex aggloméré.*

CC. — Bords des fossés, bois humides.
Juillet, septembre. — ♃.

Rumex nemorosus (Schrad.), *Rumex des bois.*

RR. — Bois humides, forêts. — Juillet, août. — ♃.
Arrond. de Dreux : Senonches! — Env. de Dreux (Daënen).
Env. de Nogent-le-Rotrou (Duteyeul).

Rumex crispus (Linn.), *Rumex crépu.*

CC. — Champs, bords des chemins, décombres.
Juillet, août. — ♃.

Rumex hydrolapathum (Huds.), *Rumex à longues feuilles.*

Nom pop. : *Patience aquatique.*
CC. — Bords des ruisseaux et des rivières, fossés, mares,
étangs. — Juillet, août. — ♃.

Rumex maximus (Schrad.), *Rumex très-grand.*

RR. — Bords des ruisseaux. — Juillet, août. — ♃.
Arrond. de Dreux : Cherisy! (Daënen, Weddel in Coss. et Germ.
fl. par.)

Rumex scutatus (Linn.), *Rumex à écusson.*

RR. — Côteaux secs et pierreux. — Juin, août. — ♃.
Arrond. de Dreux : abondant près du hameau d'Estrée!
(Daënen).
Septeuil (Seine-et-Oise), non loin des limites d'Eure-et-Loir!
(Brou).

Rumex acetosella (Linn.), *Rumex petite-oseille.*

Noms pop. : *Petite Oseille, Oseille de brebis, Oseille de serpent.*
CC. — Lieux pierreux, bords des chemins et des routes.
Mai, juin. — ♃.

POLYGONUM, Renouée.

Polygonum amphibium (Linn.), *Renouée amphibie.*

    α *Natans.* — C. — Mares, fossés, canaux, étangs.
        Juillet, août. — ♃.

Polygonum lapathifolium (Linn.), *Renouée à feuilles de pa-
_tience.*

  RR. — Champs sablonneux humides.
  Juillet, septembre. — ②.
  Env. de Nogent-le-Rotrou (Duteyeul).

Polygonum persicaria (Linn.), *Renouée persicaire.*

  CC. — Fossés, lieux humides. — Juillet, octobre. — ①.

Polygonum mite (Schr.), *Renouée douce.*

  AC. — Bords des fossés, lieux humides.
  Juillet, octobre. — ①.

Polygonum hydropiper (Linn.), *Renouée poivre d'eau.*

  Nom pop. : *Poivre d'eau.*
  C. — Bords des fossés marécageux, lieux humides et fangeux.
  Juillet, octobre. — ①.

Polygonum aviculare (Linn.), *Renouée aviculaire.*

  Noms pop. : *Traînasse, Herbe à cochon.*
  CC. — Bords des chemins, lieux incultes, champs en friche.
  Juin, octobre. — ①.

Polygonum convolvulus (Linn.), *Renouée liseron.*

  Nom pop. : *Faux-liseron.*
  CC. — Champs, haies, buissons. — Juillet, septembre. — ①.

Polygonum dumetorum (Linn.), *Renouée des buissons.*

R. — Haies, buissons. — Juin, septembre. — ④.

Arrond. de Dreux : Oulins ! (Brou).

Arrond. de Châteaudun : Douy ! (Bellamy).

FAMILLE DES DAPHNOIDÉES.

DAPHNE, Daphné.

Daphne mezereum (Linn.), *Daphné mézéréon.*

Noms pop. : *Garou, Bois-gentil.*

RR. — Bois montueux, forêts. — Février, avril. — ♄.

Arrond. de Dreux : forêt de Dreux, au-dessus d'Oulins ! (Brou).

Daphne laureola (Linn.), *Daphné lauréole.*

Nom pop. : *Lauréole.*

AR. — Bois, taillis montueux. — Février, avril. — ♄.

Arrond. de Chartres : bois Lamotte ! — Illiers !

Arrond. de Dreux : Boissy-le-Sec ! — La Butte à Châteauneuf ! La Ferté-Vidame ! Senonches !

Arrond. de Châteaudun : bois de la Roche ! (Bellamy). — bois de Villemore ! (L. Vuez). — Conie ! Varize ! (Duteyeul). — Saint-Denis-les-Ponts !

Env. de Nogent-le-Rotrou (Duteyeul).

PASSERINA, Passérine.

Passerina annua (Spreng.), *Passérine annuelle.*

R. — Champs maigres des terrains calcaires.

Juillet, septembre. — ④.

Arrond. de Châteaudun : entre Jallans et Varize ! (Duteyeul). — Lutz ! Autheuil ! (Bellamy).

Arrond. de Dreux : Oulins ! (Brou).

Arrond. de Nogent-le-Rotrou : bois de Condeau, en face Margon ! (Duteyeul).

FAMILLE DES SANTALACÉES.

THESIUM, Thésion.

THESIUM HUMIFUSUM (D. C.), *Thésion couché*.

C. — Lisières et clairières des bois, pelouses rases. Juin, juillet. — ♃.

FAMILLE DES ARISTOLOCHIÉES.

ASARUM, Asaret.

ASARUM EUROPÆUM (Linn.), *Asaret d'Europe*.

Cette plante était abondante il y a une quinzaine d'années dans le parc du Chêne, près Sainville, arrond. de Chartres (Gogot in Coss. et Germ., fl. par.), mais aujourd'hui le parc est détruit et la plante n'a pas persisté !

MM. Cosson et Germain la signalent encore dans le parc de Bréau, près Ablis (Seine-et-Oise), non loin des limites d'Eure-et-Loir.

ARISTOLOCHIA, Aristoloche.

ARISTOLOCHIA CLEMATITIS (Linn.), *Aristoloche clématite*.

Nom pop. : *Aristoloche*.

RR. — Vignes, lieux pierreux. — Mai, juin. — ♃.

Arrond. de Dreux : Guainville ! Gilles ! (Brou).

Arrond. de Châteaudun : Courbehaye ! (Duteyeul).

Famille des EUPHORBIACÉES.

EUPHORBIA, Euphorbe,

EUPHORBIA HELIOSCOPIA (Linn.), *Euphorbe réveille-matin.*

Noms pop. : *Réveille-matin, Herbe aux verrues.*

CC. — Jardins en friche, champs, prairies artificielles, bords des chemins, décombres, vignes, etc.

Mai, septembre. — ①.

EUPHORBIA PLATYPHYLLOS (Linn.), *Euphorbe à larges feuilles.*

R. — Champs humides, fossés. — Juillet, septembre. — ①.

Arrond. de Chartres : près l'arche du chemin de fer, dans les Grands-Prés !

Arrond. de Châteaudun : chemin des Abrés, près Saint-Denis-les-Ponts ! (Bellamy).

Arrond. de Nogent-le-Rotrou : Saint-Jean-Pierre-Fixte ! (Duteyeul).

EUPHORBIA STRICTA (Linn.), *Euphorbe à petites fleurs.*

RR. — Bords des haies, fossés des routes.

Juin, juillet. — ① ou ②.

Arrond. de Châteaudun : vallée du Loir ! (L. Vuez).

EUPHORBIA DULCIS (Linn.), *Euphorbe pourprée.*

AC. — Bois, taillis. — Avril, mai. — ♃.

Forêt de Bailleau ! Châteauneuf ! bois Yon et forêt de Dreux ! Faverolles ! bois du Perchet et de la Bourdinière dans le Perche ! bois de Saint-Martin à Saint-Denis-les-Ponts ! etc.

EUPHORBIA GERARDIANA (Jacq.), *Euphorbe de Gérard.*

RR. — Clairières des bois. — Juin, juillet. — ♃.

Arrond. de Dreux : forêt de Dreux (Daëneu, herb. !).

Euphorbia cyparissias (Linn.) *Euphorbe petit-cyprès.*

Nom pop. : *Tithymale.*

C. — Lieux stériles, bords des chemins, côteaux incultes.
Avril, mai. — ♃.

Euphorbia esula (Linn.).

β *Tristis.* (Coss. et Germ., fl. par., éd. 2)
RR. — Collines calcaires arides. — Mai, juin. — ♃.
Arrond. de Dreux : côte de Montreuil, sur la lisière de la
forêt !

Euphorbia exigua (Linn.), *Euphorbe fluette.*

CC. — Champs, terrains en friche. — Mai, octobre. — ①.

Euphorbia falcata (Linn.), *Euphorbe en faulx.*

RR. — Champs calcaires arides. — Juin, septembre. — ①.
Arrond. de Chartres : entre Janville et Toury !

Euphorbia peplus (Linn.), *Euphorbe péplus.*

CC. — Jardins en friche, lieux cultivés, vignes.
Juin, octobre. — ①.

Euphorbia lathyris (Linn.), *Euphorbe épurge.*

RR. — Côteaux et lieux pierreux. — Mai, juin. — ②.
Arrond. de Châteaudun : bois de Moléans, où M. Vuez n'en a
rencontré qu'un seul pied !

Euphobia amygdaloïdes (Linn.), *Euphorbe des bois.*

CC. — Bois, taillis, buissons. — Avril, juin. — ♃.

MERCURIALIS, Mercuriale.

Mercurialis perennis (Linn.), *Mercuriale vivace.*

C. — Bois humides, taillis ombragés. — Avril, mai. — ♃.

MERCURIALIS ANNUA (Linn.), *Mercuriale annuelle*.

Noms pop. : *Mercuriale, Foirole*.

CC. — Terrains incultes, champs, décombres.
Mai, octobre. — ④.

BUXUS, Buis.

BUXUS SEMPERVIRENS (Linn.), *Buis toujours vert*.

Nom pop. : *Buis*.

AC. — Côteaux pierreux, clairières des bois montueux.
Mars, avril. — ♄.

FAMILLE DES ULMACÉES.

ULMUS, Orme.

ULMUS CAMPESTRIS (Linn.), *Orme champêtre*.

Nom pop. : *Orme*.

C. — Bois, forêts. — Mars, avril. — ♄.
Planté communément dans les parcs et sur les promenades
publiques.

FAMILLE DES URTICÉES.

URTICA, Ortie.

URTICA URENS (Linn.), *Ortie brûlante*.

Noms pop. : *Ortie grièche, petite Ortie*.

CC. — Pied des murs, décombres, lieux incultes.
Mai, octobre. — ④.

URTICA DIOÏCA (Linn.), *Ortie dioïque*.

Nom pop. : *Grande Ortie*.

C. — Pied des murs, villages, décombres, rues peu fréquentées. — Juillet, septembre. — ♃.

PARIETARIA, Pariétaire.

PARIETARIA OFFICINALIS (Linn.), *Pariétaire officinale*.

Nom pop. : *Pariétaire*.

CC. — Pied des murs, fissures des vieilles murailles, décombres, vieux édifices. — Juillet, octobre. — ♃.

β *Diffusa*. — Rameaux redressés, feuilles allongées.
AC. — Murs humides, rochers ombragés, puits.

FAMILLE DES CANNABINÉES.

HUMULUS, Houblon.

HUMULUS LUPULUS (Linn.), *Houblon grimpant*.

Nom pop. : *Houblon*.
CC. — Haies, buissons, bords des eaux.
Juillet, août. — ♃.

Le *Cannabis sativa* (Linn.), vulg. *Chanvre*, est cultivé en
plein champ dans quelques localités des environs de Dreux !

FAMILLE DES CUPULIFÈRES.

FAGUS, Hêtre.

FAGUS SYLVATICA (Linn.), *Hêtre commun*.
Noms pop. : *Hêtre, Fouteau*.
R. — Bois, forêts. — Fl. mai. Fr. août. — ♄.

Forêts de Dreux ! de Senonches ! et de la Ferté-Vidame !
Nogent-le-Rotrou (Duteycul).

CASTANEA, Châtaignier.

CASTANEA VULGARIS (Linn.), *Châtaignier commun.*

Nom pop. : *Châtaignier.*
R. — Bois, forêts.
Fl. mai, juin. Fr. septembre, octobre. — ♄.
Arrond. de Dreux : Oulins ! (Brou).
Arrond. de Nogent-le-Rotrou : Thiron ! et dans les environs !
(Duteycul).
Arrond. de Châteaudun : bois de Villemore ! (L. Vuez).

QUERCUS, Chêne.

QUERCUS PEDUNCULATA (Ehrh.), *Chêne à glands pédonculés.*

Nom pop. : *Chêne commun.*
CC. — Bois, taillis, forêts.
Fl. avril, mai. Fr. août, septembre. — ♄.

QUERCUS SESSILIFLORA (Smith), *Chêne à glands sessiles.*

Nom pop. : *Chêne rouvre.*
CC. — Bois, taillis, forêts.
Fl. avril, mai. Fr. août, septembre. — ♄.

CORYLUS, Coudrier.

CORYLUS AVELLANA (Linn.), *Coudrier aveline.*

Noms pop. : *Noisetier* dans la Beauce, *Coudrier* dans le
Perche.
CC. — Haies, buissons, bois, taillis.
Fl. février, mars. Fr. septembre, octobre. — ♄.

CARPINUS, Charme.

CARPINUS BETULUS (Linn.), *Charme commun.*

Nom pop. : *Charme.*

CC. — Bois, taillis, buissons.
Fl. avril, mai. Fr. juillet, août. — ♄.

Famille des SALICINÉES.

SALIX, Saule.

Salix alba (Linn.), *Saule blanc.*
Nom pop. : *Saule.*
CC. — Prairies, bords des eaux. — Avril, mai. — ♄.
  β *Vitellina.* — (*Osier jaune*). — Planté dans les vignes et
    les jardins.

Salix triandra (Linn.), *Saule amandier.*
Nom pop. : *Osier brun.*
C. — Bords des ruisseaux, oseraies. — Avril, mai. — ♄.

Salix viminalis (Linn.), *Saule des vanniers.*
Noms pop. : *Osier blanc, Osier vert.*
CC. — Vignes, vergers, oseraies. — Mars, avril.

Salix cinerea (Linn.), *Saule cendré.*
Nom pop. : *Osier gris.*
C. — Bois humides, bords des eaux, oseraies.
Mars, avril. — ♄.

Salix capræa (Linn.), *Saule marceau.*
Nom pop. : *Marsault.*
CC. — Bois, lieux humides, bords des eaux, prairies.
Mars, avril. — ♄.

Famille des BÉTULACÉES.

BETULA, Bouleau.

Betula alba (Linn.), *Bouleau blanc.*

Nom pop. : *Bouleau.*
CC. — Bois, taillis. — Fl. avril, mai. Fr. septembre. — ♄.

ALNUS, Aulne.

Alnus glutinosa (Gaërtn), *Aulne glutineux.*

Nom pop : *Aulne.*
C. — Bois humides, bords des eaux.
Fl. mars. Fr. août. — ♄.

Famille des MYRICÉES.

MYRICA, Myrica.

Myrica Gale (Linn.), *Myrica Galé.*

RR. — Marais tourbeux, bruyères.
Fl. avril, mai. Fr. juillet, août. — ♄.
Arrond. de Dreux : marais des Évées, près Senonches ! —
étang de Tardais !
Étang de Guipéreux, sur les limites d'Eure-et-Loir !

Famille des CUPRESSINÉES.

JUNIPERUS, Genévrier.

JUNIPERUS COMMUNIS (Linn.), *Genévrier commun.*
  Nom pop. : *Genévrier.*
  C. — Côteaux calcaires, pierreux et arides.
  Avril, mai. — ♄.

II.

ENDOGÈNES PHANÉROGAMES

ou

MONOCOTYLÉDONÉES.

Famille des ALISMACÉES.

ALISMA, Alisma.

ALISMA PLANTAGO (Linn.), *Alisma plantain.*
  Noms pop. : *Plantain d'eau, Fusain.*
  CC. — Fossés, mares, lieux marécageux.
  Juillet, août — ♃.

ALISMA NATANS (Linn.), *Alisma nageant.*
  R. — Fossés, mares, rivières tourbeuses.
  Juin, septembre. — ♃.
  Arrond. de Dreux : Cherisy ! (Daёnen).
  Arrond. de Chartres : Fontaine-Bouillant ! — fossés du parc à
Maintenon ! — la Voise à Maintenon !
  Arrond. de Nogent-le-Rotrou : Belhomert-Guéhouville !

ALISMA RANUNCULOIDES (Linn.), *Alisma fausse-renoncule.*

RR. — Bords des étangs, fossés marécageux.
Juin, septembre. — ♃.

Arrond. de Dreux : Cherisy ! (Daënen).
Arrond. de Chartres : Berchères-la-Maingot !
Arrond. de Châteaudun : vallée de l'Aigre ! (L. Vuez).
Étang de Guipéreux ! sur les limites du département.

DAMASONIUM, Damasonie.

DAMASONIUM STELLATUM (Pers.), *Damasonie étoilée.*

RR. — Fossés, lieux marécageux. — Juin, septembre. — ④.
Arrond. de Chartres : Courville !
Arrond. de Dreux : Senonches ! — Env. de Dreux (Daënen, herb. !). — Saint-Maixme-Hauterive !
Arrond. de Châteaudun : mare située à environ 1 kilom. de la ville, près de la route de Cloyes ! (L. Vuez).

SAGITTARIA, Sagittaire.

SAGITTARIA SAGITTÆFOLIA (Linn.), *Sagittaire flèche-d'eau.*

Noms pop. : *Sagittaire, Flèche-d'eau.*

CC. — Rivières, fossés, mares, lieux fangeux.
Juin, août. — ♃.

FAMILLE DES BUTOMÉES.

BUTOMUS, Butome.

BUTOMUS UMBELLATUS (Linn.), *Butome en ombelle.*

Nom pop. : *Jonc fleuri.*

AC. — Bords des rivières, fossés, lieux marécageux.
Juin, juillet. — ♃.

Famille des COLCHICACÉES.

COLCHICUM, Colchique.

Colchicum autumnale (Linn.), *Colchique d'automne.*
  Nom. pop. : *Colchique, Tue-chien, Veillote.*
  CC. — Prairies humides.
  Fl. août, septembre. Fr. mai. — ♃.

Famille des LILIACÉES.

TULIPA, Tulipe.

Tulipa sylvestris (Linn.), *Tulipe sauvage.*
  RR. — Vignes, taillis pierreux. — Avril, mai. — ♃.
  Arrond. de Châteaudun : Varize !
  Arrond. de Nogent-le-Rotrou : Nonvilliers-Grandhoux ! (Duteyeul).

  Cette plante était abondante il y a quelques années dans les vignes de la Croix-Jumelin et de Lèves, près Chartres : elle a disparu peu à peu de ces localités par suite de défrichements. On la rencontre encore dans quelques jardins particuliers, où elle croît entre les pierres, dans les cours abandonnées.

SCILLA, Scille.

Scilla autumnalis (Linn.), *Scille d'automne.*
  RR. — Pelouses rases des pâturages montueux.
  Juillet, septembre. — ♃.
  Arrond. de Chartres : Courville !
  Arrond. de Châteaudun : Varize ! — Saumeray, sur la droite de la route de Bonneval à Illiers ! (Duteyeul).

Scilla bifolia (Linn.), *Scille à deux feuilles.*

R. — Taillis, bois humides. — Avril, mai. — ♃.
Arrond. de Dreux : bois Yon et forêt de Dreux !
Arrond. de Chartres : Soulaires ! Maintenon !
Arrond. de Châteaudun : Nottonville ! (Duteyeul).

AGRAPHIS, Agraphis.

Agraphis nutans (Link), *Agraphis penchée.*

Nom pop. : *Jacinthe des bois.*
CC. — Lisières des bois, taillis, côteaux herbeux.
Mai, juin. — ♃.

ORNITHOGALUM, Ornithogale.

Ornithogalum umbellatum (Linn.), *Ornithogale en ombelle.*

Nom pop. : *Dame d'Onze-heures.*
AC. — Champs en friche, vignes. — Avril, mai. — ♃.

Ornithogalum Pyrenaicum (Linn.), *Ornithogale des Pyrénées.*

AR. — Taillis montueux, bois ombragés. — Mai, juin. — ♃.
Arrond. de Châteaudun : bois de Saint-Martin à Saint-Denis-les-Ponts ! — cavée du Barry à Châteaudun ! (Bellamy). — Varize ! Nottonville ! (Duteyeul). — bois de Moléans ! (L. Vuez).
Env. de Nogent-le-Rotrou : — AC. — (Duteyeul).

GAGEA, Gagée.

Gagea arvensis (Schultz), *Gagée des champs.*

R. — Champs argileux, moissons en friche.
Mars, avril. — ♃.
Arrond. de Chartres : assez abondant dans la plaine autour de Saint-Cheron !
Arrond. de Châteaudun : Varize ! Guillonville ! (Duteyeul).

ALLIUM, Ail.

ALLIUM VINEALE (Linn.), *Ail des vignes.*

Nom pop. : *Oignon bâtard.*
C. — Champs, vignes, bords des chemins.
Juin, juillet. — ♃.

ALLIUM SPHÆROCEPHALUM (Linn.), *Ail à tête ronde.*

C. — Côteaux secs et pierreux. — Juin, août. — ♃.

ALLIUM URSINUM (Linn.), *Ail des ours.*

Nom pop. : *Ail des bois.*
RR. — Lieux ombragés, bois humides. — Avril, mai. — ♃.
Arrond. de Nogent-le-Rotrou : La Renardière, près Manou !
(Duteyeul).

ALLIUM OLERACEUM (Linn.), *Ail potager.*

CC. — Champs, lieux cultivés, voisinage des habitations.
Juillet, août. — ♃.

ALLIUM PANICULATUM (Bor.), *Ail paniculé.*

RR. — Champs, vignes, bords des chemins.
Juin, août. — ♃.
Abondant aux environs de Chartres, dans un rayon de 1 à 2
kilom. ! — Pas ailleurs dans le département.

MUSCARI, Muscari.

MUSCARI RACEMOSUM (Mill.), *Muscari à grappe.*

Nom pop. : *Ail des chiens.*
RR. — Champs, vignes. — Avril, mai. — ♃.
Abondant dans les vignes aux environs de Chartres ! — Pas
ailleurs dans le département.

Muscari comosum (Mill.), *Muscari à toupet.*

Noms pop. : *Jacinthe chevelue, Ail à toupet.*

CC. — Champs en friche. — Mai, juin. — ♃.

On cultive très-fréquemment dans les parterres une monstruosité de cette espèce (*M. monstruosum*), appelée vulgairement *Lilas de terre.*

Famille des SMILACÉES.

PARIS, Parisette.

Paris quadrifolia (Linn.), *Parisette à quatre feuilles.*

Noms pop. : *Parisette, Raisin de renard.*

RR. — Bois ombragés humides. — Mai, juin. — ♃.

Arrond. de Nogent-le-Rotrou : bois du Perchet ! Margon ! (Du-
lcyeul).

POLYGONATUM, Polygonate.

Polygonatum vulgare (Desf.), *Polygonate commun.*

Nom pop. : *Sceau de Salomon.*

C. — Bois montueux, taillis ombragés. — Mai, juin. — ♃.

Polygonatum multiflorum (Desf.), *Polygonate à plusieurs fleurs.*

AC. — Bois montueux, taillis. — Mai, juin. — ♃.

CONVALLARIA, Muguet.

Convallaria maialis (Linn.), *Muguet de mai.*

Nom pop. : *Muguet.*

R. — Bois, taillis montueux, forêts. — Mai, juin, — ♃.

Arrond. de Chartres : bois de Levéville ! (Richard).

Arrond. de Dreux : forêt de Dreux ! Faverolles ! Senonches !

Arrond. de Châteaudun : bois de Saint-Martin à Saint-Denis-les-Ponts !

Arrond. de Nogent-le-Rotrou : bois du Perchet (Duteyeul).

MAIANTHEMUM, Majanthème.

MAIANTHEMUM BIFOLIUM (D. C.), *Majanthème à deux feuilles.*

RR. — Bois, forêts montueuses. — Mai, juin. — ♃.

Arrond. de Dreux : bois Yon et forêt de Dreux !

RUSCUS, Fragon.

RUSCUS ACULEATUS (Linn.), *Fragon piquant.*

Noms pop. : *Petit-houx, Épine de rat.*

RR. — Bois, taillis. — Mars, avril. — ♄.

Arrond. de Dreux : forêt de Dreux, au-dessus de Boncourt !— Oulins !

Arrond. de Nogent-le-Rotrou : Margon ! bois du Perchet ! (Duteyeul).

FAMILLE DES DIOSCORÉES.

TAMUS, Tamier.

TAMUS COMMUNIS (Linn.), *Tamier commun.*

Noms pop. : *Sceau de N.-D., Herbe aux femmes battues.*

RR. — Taillis, buissons, bois ombragés humides.
Mai, juin. — ♃.

Abondant dans tout le Perche, dans les arrond. de Nogent-le-Rotrou et de Châteaudun. Paraît ne pas franchir le Loir. Nul dans la Beauce.

Famille des IRIDÉES.

IRIS, Iris.

IRIS PSEUDO-ACORUS (Linn.), *Iris faux-acore.*

Noms pop. : *Iris jaune, Glayeul des marais.*
CC. — Bords des fossés et des rivières. — Juin, juillet. — ♃.

IRIS FŒTIDISSIMA (Linn.), *Iris fétide.*

Noms pop. : *Glayeul puant, Iris gigot.*
RR. — Clairières des bois. — Mai, juin. — ♃.
Arrond. de Dreux : forêt de Dreux, au-dessus de Boncourt ! —
Oulins ! (Brou).
Arrond. de Châteaudun : bois entre Villiers et Nottonville !
Varize ! Pommay-sur-Conie !
Environs de Nogent-le-Rotrou (Duteyeul).

Famille des AMARYLLIDÉES.

NARCISSUS, Narcisse.

NARCISSUS PSEUDO-NARCISSUS (Linn.), *Narcisse faux-narcisse.*

Noms pop. : *Narcisse des bois, Jeannette.*
R. — Bois, taillis. — Mars, avril. — ♃.
Arrond. de Chartres : Courville ! Béville-le-Comte !
Arrond. de Dreux : bois du Thuilay à Faverolles !
Arrond. de Châteaudun : Saint-Denis-les-Ponts ! Varize ! Not-
tonville !

GALANTHUS, Galantine.

GALANTHUS NIVALIS (Linn.), *Galantine perce-neige*.

Noms pop. : *Perce-neige, Nivéole*.
RR. — Taillis, bois couverts. — Février, mars. — ♃.
Arrond. de Chartres : Le Thieulin, près Courville !
Arrond. de Nogent-le-Rotrou : La Loupe ! Meaucé ! Vaupillon !

FAMILLE DES ORCHIDÉES.

SPIRANTHES, Spiranthe.

SPIRANTHES ÆSTIVALIS (Rich.), *Spiranthe d'été*.

RR. — Prairies marécageuses. — Juillet, août. — ♃.
Arrond. de Dreux : Anet ! Senonches !
Environs de Nogent-le-Rotrou (Duteyeul).

SPIRANTHES AUTUMNALIS (Rich.), *Spiranthe d'automne*.

R. — Pelouses sèches des lisières des bois.
Août, octobre. — ♃.
Arrond. de Chartres : Courville (Duteyeul).
Arrond. de Dreux : Châteauneuf, sur la grande pelouse du
Calvaire !

CEPHALANTHERA, Céphalanthère.

CEPHALANTHERA ENSIFOLIA (Rich.), *Céphalanthère blanc-de-neige*.

RR. — Taillis des forêts. — Avril, juin. — ♃.
Arrond. de Dreux : garenne d'Hector, près Boncourt !

— 186 —

CEPHALANTHERA GRANDIFLORA (Bab.), *Céphalanthère à grandes fleurs.*

R. — Bois montueux, taillis. — Mai, juin. — ♃.

Arrond. de Dreux : Oulins ! (Brou).

Arrond. de Nogent-le-Rotrou : Margon ! Saint-Jean-Pierre-Fixte ! bois du Perchet ! (Duteyeul).

EPIPACTIS, Epipactis.

EPIPACTIS LATIFOLIA (All.), *Epipactis à larges feuilles.*

α *Vulgaris.* — C. — Bois, taillis, prairies, bords des eaux, oseraies. — Juin, juillet. — ♃.

β *Atro-rubens.* — RR. — Côteaux calcaires. Juin, juillet. — ♃.

Arrond. de Dreux : Oulins ! (Brou). — Cocherelle ! — Garenne d'Hector, près Boucourt !

Arrond. de Châteaudun : Civry ! (Duteyeul).

EPIPACTIS PALUSTRIS (Crantz), *Epipactis des marais.*

R. — Prairies tourbeuses, marais. — Juin, juillet. — ♃.

Arrond. de Chartres : Béville-le-Comte !

Arrond. de Dreux : Senonches ! Tardais !

Arrond. de Châteaudun : Conie ! Moléans ! (L. Vuez).

Arrond. de Nogent-le-Rotrou : Saint-Jean-Pierre-Fixte ! (Duteyeul).

LISTERA, Listérie.

LISTERA OVATA (R. Br.), *Listérie ovale.*

CC. — Bois, taillis, buissons. — Mai, juillet. — ♃.

NEOTTIA, Néottie.

NEOTTIA NIDUS-AVIS (Rich.), *Néottie nid-d'oiseau.*

Nom pop. : *Nid-d'oiseau.*

RR. — Bois montueux. — Mai, juillet. — ♃.

Arrond. de Châteaudun : Varize !

Arrond. de Nogent-le-Rotrou : Le Croisille ! bois du Perchet ! (Duteyeul).

LIMODORUM, Limodore.

LIMODORUM ABORTIVUM (Sw.), *Limodore à feuilles avortées.*

RR. — Clairières des forêts, pelouses montueuses dans les buissons. — Mai, juillet. — ♃.

Arrond. de Dreux : garenne d'Hector, près Boncourt ! — Taillis de la forêt, au-dessus d'Oulins ! (Brou).

ACERAS, Acéras.

ACERAS HIRCINA (Lindl.), *Acéras à odeur de bouc.*

AC. — Côteaux secs, bords des routes. — Mai, juillet. — ♃.

ACERAS PYRAMIDALIS (Rchb.), *Acéras pyramidal.*

RR. — Pelouses des côteaux secs. — Mai, juillet. — ♃.
Arrond. de Châteaudun : Varize ! (Duteyeul).

ORCHIS, Orchis.

ORCHIS MORIO (Linn.), *Orchis bouffon.*

C. — Clairières des bois, pelouses des côteaux herbeux. Mai, juin. — ♃.

ORCHIS USTULATA (Linn.), *Orchis brûlé.*

R. — Côteaux herbeux, pâturages. — Mai, juin. — ♃.
Arrond. de Dreux : Cocherelle ! Cherisy !
Arrond. de Châteaudun : La Boulidière ! (Bellamy).
Arrond. de Nogent-le-Rotrou : Coudreceau ! (Duteyeul).

ORCHIS CORIOPHORA (Linn.), *Orchis punaise.*

R. — Prairies marécageuses. — Mai, juin. — ♃.
Arrond. de Dreux : La Ronce, près Anet !
Arrond. de Châteaudun : Yèvres ! Châtillon ! (Duteyeul).
Arrond. de Nogent-le-Rotrou : Les Étilleux ! (Duteyeul).

ORCHIS SIMIA (Lamk), *Orchis singe.*

R. — Clairières des bois. — Mai, juin. — ♃.

Arrond. de Dreux : taillis de la forêt au-dessus de Boncourt !
Arrond. de Châteaudun : Varize ! Nottonville ! (Duteyeul).

ORCHIS MILITARIS (Linn.), *Orchis militaire.*

R. — Pelouses sèches des côteaux calcaires.
Mai, juin. — ♃.
Arrond. de Dreux : Anet !
Arrond. de Châteaudun : Saint-Denis-les-Ponts ! (Marquis).
Arrond. de Nogent-le-Rotrou : bois du Perchet ! (Duteyeul).

ORCHIS PURPUREA (Huds.), *Orchis pourpre.*

AC. — Bois montueux, taillis, buissons. — Mai, juin. — ♃.

ORCHIS MASCULA (Linn.), *Orchis mâle.*

C. — Lisières et clairières des bois montueux, côteaux herbeux. — Mai, juin. — ♃.

ORCHIS LAXIFLORA (Lamk), *Orchis à fleurs lâches.*

AR. — Prairies marécageuses. — Mai, juin. — ♃.
Arrond. de Dreux : Oulins ! Boncourt ! (Brou). — Cherisy !
Cocherelle ! Senonches !
Arrond. de Châteaudun : La Boulidière ! (Bellamy). — Cloyes !
La Canche, dans la vallée de l'Aigre !
Arrond. de Nogent-le-Rotrou : Coudreceau ! (Duteyeul).

ORCHIS MORIO-LAXIFLORA (Reut.), *Orchis hybride.*

RR. — Prairies marécageuses. — Mai, juin. — ♃.

Arrond. de Nogent-le-Rotrou : assez abondant à Coudreceau !
(Duteyeul).

ORCHIS LATIFOLIA (Linn.), *Orchis à larges feuilles.*

Nom pop. : *Pentecôte.*
C. — Prairies humides. — Mai, juin. — ♃.

ORCHIS MACULATA (Linn.), *Orchis tacheté*.

C. — Prairies sèches, pelouses herbeuses, lisières et clairières des bois. — Mai, juin. — ♃.

PLATANTHERA, Platanthère.

PLATANTHERA BIFOLIA (Linn.), *Platanthère à deux feuilles*.

AC. — Bois, taillis, bruyères. — Mai, juin. — ♃.

PLATANTHERA MONTANA (Schm.), *Platanthère de montagne*.

C. — Bois, taillis, bruyères. — Mai, juin. — ♃.

GYMNADENIA, Gymnadénie.

GYMNADENIA CONOPSEA (Rich.), *Gymnadénie à long éperon*.

AR. — Côteaux secs, collines herbeuses, prairies marécageuses. — Juin, juillet. — ♃.

Arrond. de Dreux : côte de Montreuil! Oulins! Boncourt!

Arrond. de Châteaudun : Moléans! (Duteyeul). — Cloyes! La Canche, dans la vallée de l'Aigre!

Arrond. de Nogent-le-Rotrou : Margon! (Duteyeul).

GYMNADENIA VIRIDIS (Crantz), *Gymnadénie verte*.

R. — Prairies marécageuses. — Juin, juillet. — ♃.

Arrond. de Chartres : Oisème !

Arrond. de Dreux : Cocherelle !

Arrond. de Châteaudun : La Boulidière! (Bellamy).—Yèvres! (Duteyeul).

Arrond. de Nogent-le-Rotrou : AC! (Duteyeul).

OPHRYS, Ophrys.

OPHRYS ARANIFERA (Huds.), *Ophrys araignée*.

AR. — Côteaux calcaires, clairières des bois secs.

Avril, juin. — ♃.

Arrond. de Chartres : Maintenon !

Arrond. de Dreux : Cocherelle! Montreuil! Fermaincourt! Oulins!

Arrond. de Nogent-le-Rotrou : Margon! bois du Perchet! (Duteyeul).

Arrond. de Châteaudun : AC! (Duteyeul, L. Vuez).

OPHRYS ARACHNITES (Rchb.), *Ophrys bourdon.*

R. — Côteaux calcaires, lisières et clairières des bois. Mai, juin. — ♃.

Arrond. de Dreux : Cocherelle! Montreuil! Ecluzelles! Oulins! Boncourt, Anet!

Arrond. de Chartres : Maintenon!

OPHRYS APIFERA (Huds.), *Ophrys abeille.*

R. — Côteaux secs calcaires. — Mai, juin. — ♃.

Arrond. de Dreux : Cocherelle!

Arrond. de Châteaudun : Varize! (Duteyeul).

Arrond. de Nogent-le-Rotrou : AC! (Duteyeul).

OPHRYS MUSCIFERA (Huds.), *Ophrys mouche.*

AC. — Côteaux herbeux, collines calcaires. Mai, juin. — ♃.

Longsault, près Chartres! Maintenon! Cocherelle! Montreuil! Varize! Margon! etc.

FAMILLE DES HYDROCHARIDÉES.

HYDROCHARIS, Hydrocharis.

HYDROCHARIS MORSUS-RANÆ (Linn.), *Hydrocharis morsure de grenouille.*

Nom pop. : *Petit nénuphar.*

C. — Mares, fossés, eaux tranquilles. — Juillet, août. — ♃.

Famille des JUNCAGINÉES.

TRIGLOCHIN, Troscart.

TRIGLOCHIN PALUSTRE (Linn.), *Troscart des marais*.

AR. — Prairies marécageuses, marais tourbeux.
Juillet, août. — ♃.

Arrond. de Dreux : Cocherelle ! Cherisy ! Oulins ! (Brou). — Senonches !
Arrond. de Châteaudun : Douy ! (Bellamy, L. Vuez).
Arrond. de Nogent-le-Rotrou : Saint-Jean-Pierre-Fixte ! (Duteyeul).

Famille des POTAMÉES.

POTAMOGETON, Potamot.

POTAMOGETON NATANS (Linn.), *Potamot nageant*.

Nom pop. : *Epi d'eau*.

CC. — Mares, étangs, fossés, flaques d'eau.
Juillet, août. — ♃.

POTAMOGETON POLIGONIFOLIUS (Pourr.), *Potamot à feuilles de renouée*.

RR. — Étangs, fossés tourbeux. — Juin, août. — ♃.

Arrond. de Dreux : abondant à Tardais dans les rigoles creusées pour l'écoulement des eaux de l'étang !

POTAMOGETON RUBESCENS (Schrad.), *Potamot rouge*.

R. — Fossés, eaux tranquilles. — Juin, août. — ♃.

Arrond. de Chartres : entre le moulin Le-Comte et le moulin Leblanc, près Chartres !
Arrond. de Dreux : Saint-Martin-de-Nigelles ! — Dampierre-sur-Blévy ! et localités environnantes.

POTAMOGETON GRAMINEUS (Linn.), *Potamot à feuilles de graminée.*

RR. — Mares et fossés. — Juin, août. — ♃.

Arrond. de Chartres : Courville! (Duteyeul). — Marais de
l'aqueduc de Louis XIV, à Berchères-la-Maingot!

POTAMOGETON LUCENS (Linn.), *Potamot luisant.*

C. — Mares, eaux stagnantes. — Juin, août. — ♃.

POTAMOGETON PERFOLIATUS (Linn.), *Potamot perfolié.*

CC. — Ruisseaux, rivières à courant peu rapide.
Juin, août. — ♃.

POTAMOGETON CRISPUS (Linn.), *Potamot crépu.*

C. — Fossés, ruisseaux, rivières à courant peu rapide.
Juin, août. — ♃.

POTAMOGETON DENSUS (Linn.), *Potamot dense.*

AC. — Mares, fossés, eaux stagnantes, rivières.
Juin, août. — ♃.

POTAMOGETON ACUTIFOLIUS (Link.), *Potamot à feuilles aigües.*

RR. — Mares, eaux tranquilles. — Juin, août. — ♃.
Environs de Châteaudun (Duteyeul).

POTAMOGETON PUSILLUS (Linn.), *Potamot fluet.*

RR. — Fontaines, fossés, ruisseaux. — Juin, août. — ♃.
Arrond. de Châteaudun : Nottonville! — La Chenardière,
commune de Logron! — Vallée de l'Aigre! (L. Vuez).
Arrond. de Nogent-le-Rotrou : Margon (Duteyeul).

POTAMOGETON PECTINATUS (Linn.), *Potamot pectiné.*

CC. — Rivières, ruisseaux, fossés, canaux.
Juillet, août. — ♃.

Famille des LEMNACÉES.

LEMNA, Lenticule.

Lemna trisulca (Linn.), *Lenticule prolifère.*

RR. — Mares, eaux tranquilles. — Avril, mai. — ①.

Arrond. de Chartres : mare des Granges, près Chartres! (Richard).

Arrond. de Châteaudun : fossés de la vallée du Loir! (L. Vuez).

Lemna minor (Linn.), *Lenticule petite.*

Noms pop. : *Lentille d'eau, Canillée.*

CC. — Mares, fossés, eaux stagnantes. — Avril, juin. — ①.

Lemna gibba (Linn.), *Lenticule gonflée.*

AC. — Mares, fossés, eaux stagnantes. — Avril, juin. — ①.

Lemna polyrrhiza (Linn.), *Lenticule à plusieurs racines.*

RR. — Eaux stagnantes. — Mai, juin. — ①.

Arrond. de Châteaudun : fossés de la vallée du Loir! (L. Vuez).
Arrond. de Nogent-le-Rotrou : Margon! (Deschamps).

Famille des AROIDÉES.

ARUM, Arum.

Arum maculatum (Linn.), *Arum tacheté.*

Noms pop. : *Pied de veau, Arum, Goüet* mais bien plus rarement.

CC. — Endroits ombragés et humides des bois et des taillis.
Fl. avril, mai. Fr. août, septembre. — ♃.

FAMILLE DES TYPHACÉES.

TYPHA, Massette.

TYPHA LATIFOLIA (Linn.), *Massette à feuilles larges.*

Noms pop. : *Massette, Quenouille.*
RR. — Mares, fossés profonds. — Juin, août. — ♃.
Arrond. de Châteaudun : mare près du pont de Marboué !
(L. Vuez).

TYPHA ANGUSTIFOLIA (Linn.), *Massette à feuilles étroites.*

Noms pop. : *Masse d'eau, Canne de jonc*, mais plus souvent
Moine.
C. — Mares, fossés profonds, étangs. — Juin, août. — ♃.

SPARGANIUM, Rubanier.

SPARGANIUM RAMOSUM (Huds.), *Rubanier rameux.*

Nom pop. : *Ruban d'eau.*
C. — Fossés, mares, canaux, rivières. — Juin, août. ♃.

SPARGANIUM SIMPLEX (Huds.), *Rubanier simple.*

CC. — Fossés, bords des mares. — Juin, août. — ♃.

SPARGANIUM MINIMUM (Fries), *Rubanier petit.*

RR. — Fossés, flaques d'eau, eaux stagnantes.
Août, septembre. — ♃.
Arrond. de Chartres : abondant dans les marais de l'aqueduc
de Louis XIV à Berchères-la-Maingot !
Arrond. de Châteaudun : Conie ! (Duteyeul). — Moléans (Le-
lièvre in herb. Huet et in litt.).

FAMILLE DES JONCÉES.

JUNCUS, Jonc (1).

JUNCUS CONGLOMERATUS (Linn.), *Jonc aggloméré*.

C. — Lieux humides et marécageux. — Juin, août — ♃.

JUNCUS EFFUSUS (Linn.), *Jonc épars*.

Nom pop. : *Jonc des Jardiniers.*
CC. — Lieux marécageux, bords des fossés, prairies humides.
Juin, août. — ♃.

JUNCUS LAMPOCARPUS (Ehrh.), *Jonc à fruits lustrés*.

AC. — Lieux humides, bords des fossés, marécages.
Juin, août. — ♃.

JUNCUS ACUTIFLORUS (Ehrh.), *Jonc à fleurs aiguës*.

CC. — Lieux marécageux, bords des fossés, prairies humides.
Juin, août. — ♃.

JUNCUS OBTUSIFLORUS (Ehrh.), *Jonc à fleurs obtuses*.

RR. — Marais, bords des fossés. — Juin, août. — ♃.
Env. de Châteaudun et de Nogent-le-Rotrou (Duteyeul).

JUNCUS SUPINUS (Mœnch.), *Jonc sétacé*.

RR. — Bords des fossés tourbeux, étangs, marais.
Juin, juillet. — ♃.
Arrond. de Châteaudun : vallée du Loir (L. Vuez).

---

(1) Le nom pop. de *Jonc* est donné indistinctement à toutes les espèces
de ce genre.

JUNCUS SQUARROSUS (Linn.), *Jonc squarreux.*

RR. — Marais tourbeux. — Juin, juillet. — ♃.
Arrond. de Dreux : étang de Tardais !
Étang de Guipéreux ! sur les limites d'Eure-et-Loir.

JUNCUS COMPRESSUS (Jacq.), *Jonc comprimé.*

RR. — Bords des mares, marais tourbeux.
Juin, septembre. — ♃.
Arrond. de Dreux : étang de Tardais !
Arrond. de Nogent-le-Rotrou : Saint-Jean-Pierre-Fixte ! (Du-
teyeul).

JUNCUS PYGMÆUS (Lamk.), *Jonc nain.*

RR. — Lieux sablonneux inondés l'hiver. — Mai, juin. — ①.
Arrond. de Châteaudun : bords d'une mare au-dessus de Villemore ! (L. Vuez).

JUNCUS TENAGEIA (Ehrh.), *Jonc tenagéia.*

R. — Lieux sablonneux inondés, marais tourbeux.
Juin, août. — ①.
Arrond. de Dreux : Senonches ! Tardais !
Arrond. de Nogent-le-Rotrou : bois du Perchet ! (Duteyeul).

JUNCUS BUFONIUS (Linn.), *Jonc des crapauds.*

CC. — Bords des fossés et des mares, allées des bois humides.
Mai, août. — ①.

LUZULA, Luzule.

LUZULA VERNALIS (D. C.), *Luzule printanière.*

CC. — Taillis, clairières des bois. — Mars, avril. — ♃.

LUZULA FORSTERI (D. C.), *Luzule de Forster.*

CC. — Bois, taillis. — Avril, mai. — ♃.

Luzula maxima (D. C.), *Luzule à larges feuilles.*

R. — Lisières des bois sablonneux. — Mai, juin. — ♃.

Arrond. de Châteaudun : abondant sur les côteaux des bords du Loir! (Juillard in Coss. et Germ., fl. par., éd. 2, et L. Vuez, miss.).
Arrond. de Nogent-le-Rotrou : bois de Condeau! (Duteyeul).

Luzula campestris (D. C.), *Luzule champêtre.*

CC. — Taillis, clairières des bois. — Mars, mai. — ♃.

Luzula multiflora (Lej.), *Luzule multiflore.*

AC. — Allées des bois, taillis montueux. — Mai, juin. — ♃.

α *Vulgaris.* — Fleurs brunes en ombelle formée de 4-8 épis pédonculés et sessiles.

β *Congesta.* — Épis tous agglomérés et sessiles.

γ *Pallescens.* — Fleurs blanchâtres à pédoncules portant plusieurs épis.

Famille des CYPÉRACÉES.

CYPERUS, Souchet.

Cyperus longus (Linn.), *Souchet long.*

R. — Prairies marécageuses, bords des rivières.
Juillet, août. — ♃.
Arrond. de Chartres : Courville! (Duteyeul). — Maintenon!
Arrond. de Dreux : Cocherelle! (Daënen).
Arrond. de Châteaudun : Marboué! (Duteyeul). — Fossés des Abrés, près Saint-Denis-les-Ponts! Assez abondant dans toute la vallée du Loir! (L. Vuez).

Cyperus fuscus (Linn.), *Souchet brun.*

RR. — Lieux sablonneux humides. — Juillet, août. — ①.
Arrond. de Châteaudun : vallée du Loir à Douy! (L. Vuez).

Cyperus flavescens (Linn.), *Souchet jaunâtre*.

RR. — Bords des étangs et des marais. — Juillet, août. — ①.
Arrond. de Châteaudun : vallée du Loir à Douy ! (L. Vuez).
Environs de Dreux (Daënen, herb. !).

SCHŒNUS, Choin.

Schœnus nigricans (Linn.), *Choin noirâtre*.

RR. — Prairies spongieuses, marais tourbeux.
Mai, juin. — ♃.
Arrond. de Dreux : étang de Tardais !
Arrond. de Chartres : Epernon (de Schœnefeld in Coss. et
Germ., fl. par., édit. 2).
Arrond de Châteaudun : Moléans ! (Duteyeul).

CLADIUM, Cladier.

Cladium mariscus (R. Br.), *Cladier marisque*.

R. — Marais, prairies tourbeuses. — Juillet, août. — ♃.
Arrond. de Chartres : Béville-le-Comte !
Arrond. de Châteaudun : commun dans la Conie-Palue à
Cormainville ! Nottonville ! Varize ! etc.

ERIOPHORUM, Linaigrette.

Eriophorum angustifolium (Roth.), *Linaigrette à feuilles étroites*.

AR. — Prairies marécageuses. — Avril, mai. — ♃.
Arrond. de Dreux : Oulins ! Boncourt ! Senonches !
Arrond. de Châteaudun : la Conie ! (L. Vuez). — La Motteraye !
la Canche ! Romilly ! etc.
Arrond. de Nogent-le-Rotrou : Thiron ! (Duteyeul).

Eriophorum latifolium (Hopp.), *Linaigrette à feuilles larges*.

RR. — Prairies tourbeuses. — Mai, juin. — ♃.
Arrond. de Châteaudun : vallée de la Conie ! (L. Vuez).

SCIRPUS, Scirpe.

SCIRPUS SYLVATICUS (Linn.), *Scirpe des forêts.*

C. — Prairies, bords des eaux et des rivières.
Juin, juillet. — ♃.

SCIRPUS COMPRESSUS (Pers.), *Scirpe comprimé.*

RR. — Prairies marécageuses. — Juillet, août. — ♃.
Arrond. de Dreux : Anet (Daënen, herb.!).

SCIRPUS LACUSTRIS (Linn.), *Scirpe des étangs.*

Nom pop. : *Jonc des tonneliers.*

C. — Lieux marécageux, bords des mares, des fossés et des
rivières. — Juin, juillet. — ♃.

SCIRPUS SETACEUS (Linn.), *Jonc sétacé.*

RR. — Lieux marécageux, étangs. — Juillet, août. — ☉.
Arrond. de Nogent-le-Rotrou : bois du Perchet! (Duteyeul).

SCIRPUS FLUITANS (Linn.), *Scirpe flottant.*

RR. — Fossés tourbeux, étangs. — Juillet, septembre. — ♃.
Arrond. de Dreux : marais des Évées à Senonches! — assez
abondant dans l'étang de Tardais !

HELEOCHARIS, Héléocharis.

HELEOCHARIS PALUSTRIS (R. Br.), *Héléocharis des marais.*

C. — Bords des fossés et des mares. — Juin, août. — ♃.

HELEOCHARIS UNIGLUMIS (Koch), *Héléocharis à une seule glume.*

RR. — Bords des mares et des eaux stagnantes.
Juin, août. — ♃.
Arrond. de Chartres : marais de l'aqueduc de Louis XIV à
Berchères-la-Maingot ! et Théléville !
Arrond. de Dreux : Cocherelle ! (Daënen).

Heleocharis ovata (R. Br.), *Héléocharis ovoïde.*

RR. — Bords des marais et des étangs. — Juillet, août. — ①.

Arrond. de Châteaudun : mare du Moulin-Rouge, près Cloyes ! (L. Vuez).

Heleocharis acicularis (R. Br.), *Héléocharis épingle.*

RR. — Bords des étangs, lieux sablonneux humides. Juin, août. — ♃.

Arrond. de Dreux : La Ferté-Vidame ! Senonches !
Arrond. de Chartres : Courville ! (Duteyeul).

RHYNCHOSPORA, Rhynchospore.

Rhynchospora alba (Vahl.), *Rhynchospore blanche.*

RR. — Prairies tourbeuses, marais à *sphagnum.* Juin, juillet. — ♃.

Arrond. de Dreux : marais des Évées à Senonches ! étang de Tardais !
Étang de Guipéreux ! sur les limites du département.

CAREX, Carex.

Carex pulicaris (Linn.), *Carex puce.*

RR. — Prairies tourbeuses, marais à *sphagnum.* Mai, juin. — ♃.

Arrond. de Chartres : Épernon !
Arrond. de Nogent-le-Rotrou : Thiron ! Saint-Jean-Pierre-Fixte ! (Duteyeul).
Etang de Guipéreux, sur les limites du département.

Carex disticha (Huds.), *Carex distique.*

C. — Mares, fossés, lieux marécageux. — Mai, juin. — ♃.

Carex vulpina (Linn.), *Carex jaunâtre.*

CC. — Bords des fossés, lieux humides. — Mai, juin. — ♃.

Carex muricata (Linn.), *Carex muriqué.*

CC. — Prairies, lieux herbeux, endroits ombragés des bois.
Mai, juin. — ♃.

   β *Divulsa.* — C. — Lieux herbeux ombragés.

Carex paniculata (Linn.), *Carex paniculé.*

C. — Bords des ruisseaux, prairies humides, mares des bois.
Mai, juin. — ♃.

Carex paradoxa (Willd.), *Carex à fruit strié.*

RR. — Prairies tourbeuses. — Mai, juin. — ♃.
Arrond. de Chartres : Epernon (de Schœnefeld in Coss. et
Germ., fl. par., édit. 2).

Carex teretiuscula (Good.), *Carex rude.*

RR. — Prairies tourbeuses. — Mai, juin. — ♃.
Arrond. de Nogent-le-Rotrou : Saint-Jean-Pierre-Fixte ! (Duteyeul).

Carex canescens (Linn.), *Carex blanchâtre.*

RR. — Marais tourbeux à *sphagnum.* — Mai, juin. — ♃.
Assez abondant à l'étang de Guipéreux ! sur les limites d'Eure-
et-Loir.

Carex remota (Linn.), *Carex espacé.*

CC. — Lieux ombragés humides. — Mai, juin. — ♃.

Carex stellulata (Good.), *Carex étoilé.*

AC. — Prés et marais tourbeux. — Avril, mai. — ♃.

Carex acuta (Linn.), *Carex aigu.*

C. — Bords des fossés et des ruisseaux, lieux marécageux.
Mai, juin. — ♃.

Carex glauca (Scop.), *Carex glauque.*

C. — Lieux humides, prairies, bords des fossés.
Avril, mai. — ♃.

Carex pallescens (Linn.), *Carex pâle.*

R. — Lieux sablonneux humides, bords des fossés.
Mai, juin. — ♃.

Assez abondant dans les arrond. de Nogent-le-Rotrou! et de Châteaudun! (Duteyeul).

Carex panicea (Linn.), *Carex panic.*

C. — Bois humides, taillis ombragés, prairies.
Mai, juin. — ♃.

Carex præcox (Jacq.), *Carex précoce.*

CC. — Bords des chemins herbeux, prairies, bords des fossés.
Mars, mai. — ♃.

Carex pilulifera (Linn.), *Carex porte-pilules.*

R. — Bois, taillis herbeux, bruyères. — Avril, juin. — ♃.

Cette espèce, assez commune dans les parties boisées du département, est très-rare aux environs de Chartres, où il n'a encore été rencontré qu'à une seule localité : bois de Lèves! (Richard).

Carex ericetorum (Poll.), *Carex des bruyères.*

RR. — Côteaux arides parmi les bruyères.
Avril, mai. — ♃.
Arrond. de Dreux : Anet! (Daënen).

Carex montana (Linn.), *Carex des montagnes.*

RR. — Côteaux calcaires arides. — Avril, mai. — ♃.
Arrond. de Dreux : lisières du bois Yon! (Daënen).

Carex humilis (Leys.), *Carex humble.*

RR. — Côteaux calcaires arides. — Mai, juin. — ♃.
Arrond. de Dreux : abondant sur la côte de Fermaincourt! (Daënen).

Carex sylvatica (Huds.), *Carex des bois.*

CC. — Taillis, bois ombragés, lieux herbeux.
Juin, juillet. — ♃.

Carex depauperata (Good.), *Carex pauvre.*

R. — Bois montueux. — Mai, juin. — ♃.
Arrond. de Dreux : Saint-Rémy-sur-Avre, où il est assez abondant !
Arrond. de Nogent-le-Rotrou : bois du Perchet ! (Duteyeul).

Carex flava (Linn.), *Carex jaune.*

Mai, juin. — ♃.

    α *Genuina.* — R. — Prairies marécageuses, lieux tourbeux. — Arrond. de Châteaudun : vallée de l'Aigre ! la Canche ! la Conie !

    β *Patula.* — AC. — Lieux marécageux, prairies humides.

    γ *ŒEderi.* — RR. — Marais desséchés. — Assez abondant dans la Conie-Palue à Cormainville !

Carex Hornschuchiana (Hop.), *Carex d'Hornschuch.*

R. — Marais tourbeux, prairies marécageuses.
Mai, juin. — ♃.
Arrond. de Chartres : Nogent-le-Phaye ! (Richard).
Arrond. de Dreux : étang de Tardais !
Arrond. de Nogent-le-Rotrou : Saint-Jean-Pierre-Fixte ! (Duteyeul), sub nomine *C. fulva !*
Étang de Guipéreux ! sur les limites d'Eure-et-Loir.

Carex pseudo-cyperus (Linn.), *Carex faux souchet.*

AC. — Bords des fossés et des rivières, bords des mares et des étangs. — Juin, juillet. — ♃.

Carex ampullacea (Good.), *Carex gonflé.*

R. — Prairies marécageuses, marais tourbeux.
Mai, juin. — ♃.

Arrond. de Chartres : Longsault! (Richard). — Chétiveau, près Pont-Tranchefétu !

Arrond. de Dreux : Senonches! Tardais!

Étang de Guipéreux ! sur les limites d'Eure-et-Loir.

CAREX VESICARIA (Linn.), *Carex en vessie.*

AC. — Prairies marécageuses, bords des mares et des étangs. Mai, juin. — ♃.

CAREX PALUDOSA (Good.), *Carex des marais.*

C. — Bords des rivières, lieux marécageux, étangs. Mai, juin. — ♃.

CAREX RIPARIA (Curt.), *Carex des rives.*

CC. — Lieux humides, bords des fossés, des rivières et des étangs. — Avril, juin. — ♃.

CAREX HIRTA (Linn.), *Carex hérissé.*

CC. — Lieux humides, prairies, marécages des bois. Mai, juin. — ♃.

CAREX FILIFORMIS (Linn.), *Carex filiforme.*

RR. — Marais tourbeux à *sphagnum*. — Mai, juin. — ♃.

Abondant à l'étang de Guipéreux ! sur les limites du département.

FAMILLE DES GRAMINÉES.

LEERSIA, Léersie.

LEERSIA ORYZOÏDES (Sol.), *Léersie à fleurs de riz.*

R. — Prairies humides, bords des fossés. Août, septembre — ♃.

Arrond. de Chartres : Petits-Prés, aux Filles-Dieu! (Richard). — Courville! (Duteyeul).

Arrond. de Châteaudun : Saint-Christophe-sur-Loir ! où il est assez abondant (Juillard in Coss. et Germ., fl. par.).

PHALARIS, Phalaris.

PHALARIS ARUNDINACEA (Linn.), *Phalaris bigarré.*

CC. — Bords des fossés et des rivières, bois humides. Juin, juillet. — ♃.

ANTHOXANTHUM, Flouve.

ANTHOXANTHUM ODORATUM (Linn.), *Flouve odorante.*

α *Glabrum.* — Tiges lisses, fleurs glabres, poils courts.

CC. — Prairies, pâturages. — Mai, juin. — ♃.

β *Villosum.* — (*A. villosum*, Dum., agr. belg., p. 129. — Bor., fl. centr., éd. 3, p. 697).

Tiges scabres, striées, fleurs velues en panicule très-lâche, feuilles hérissées de poils longs.

AC. — Lieux herbeux, taillis ombragés, bois humides. — Juin. — ♃.

MIBORA, Mibora.

MIBORA MINIMA (P. Beauv.), *Mibora naine.*

AC. — Champs en friche des terrains sablonneux. Mars, avril. — ①.

Arrond. de Dreux : Faverolles ! Saint-Lucien ! Oulins ! Anet ! Mézières-en-Drouais !

Arrond. de Chartres : Epernon ! Raizeux !

Arrond. de Nogent-le-Rotrou : Croisilles ! Margon ! etc.

PHLEUM, Phléole.

PHLEUM PRATENSE (Linn.), *Phléole des prés.*

CC. — Prairies, pâturages. — Juin, juillet. — ♃.

β *Nodosum.* — C. — Lieux secs, pelouses rases.

Phleum Boehmeri (Wib.), *Phléole de Bœhmer.*

RR. — Côteaux calcaires. — Juin, juillet. — ♃.

Arrond. de Châteaudun : Saint-Denis-les-Ponts ! (Duteyeul).

ALOPECURUS, Vulpin.

Alopecurus pratensis (Linn.), *Vulpin des prés.*

CC. — Prairies, lieux herbeux, pâturages. — Mai, juin. — ♃.

Alopecurus agrestis (Linn.), *Vulpin des champs.*

CC. — Champs, vignes, vieux murs, bords des chemins. Juin, juillet. — ①.

Alopecurus geniculatus (Linn.), *Vulpin genouillé.*

C. — Bords des mares et des étangs, fossés, lieux humides. Mai, juillet. — ♃.

Alopecurus bulbosus (Linn.), *Vulpin bulbeux.*

RR. — Bords des chemins herbeux. — Mai, juillet. — ♃.

Arrond. de Chartres : vallée du Pélican, à Seresville ! où M. Richard en découvrit quelques pieds épars en juin 1862.

SESLERIA, Seslérie.

Sesleria cærulea (Ard.), *Seslérie bleuâtre.*

R. — Pelouses sèches des côteaux calcaires. Mars, mai. — ♃.

Arrond. de Dreux : abondant sur toute la côte entre Dreux et Anet ! — garenne d'Hector entre Oulins et Boncourt !
Arrond. de Châteaudun : Lutz ! (Duteyeul).

SETARIA, Sétarie.

Setaria viridis (P. Beauv.), *Sétarie verte.*

C. — Vignes, bords des chemins, lieux incultes. Juin, juillet. — ①.

Setaria verticillata (P. Beauv.), *Sétarie verticillée.*

AC. — Bords des chemins, jardins en friche.

Cette espèce se rencontre un peu partout, mais n'est abondante nulle part.

DIGITARIA, Digitarie.

Digitaria sanguinalis (Scop.), *Digitarie pourprée.*

CC. — Vignes, lieux incultes, jardins en friche, pied des murs. — Juillet, septembre. — ①.

Digitaria filiformis (Kœl.), *Digitarie filiforme.*

RR. — Champs secs, lieux sablonneux.

Assez abondant aux environs de Nogent-le-Rotrou ! (Duteyeul).

PHRAGMITES, Roseau.

Phragmites communis (Trin.), *Roseau commun.*

Noms pop. : *Roseau à balais, Rouches.*
CC. — Bords des fossés, des ruisseaux et des rivières.
Août, septembre. — ♃.

Cette plante, très-abondante dans toute la Conie, est employée dans la Beauce, et particulièrement dans l'arrond. de Châteaudun, à couvrir les maisons.

CALAMAGROSTIS, Calamagrostis.

Calamagrostis epigeios (Roth.), *Calamagrostis commune.*

AC. — Lisières des bois humides, pâturages marécageux.
Juillet, août. — ♃.
Arrond. de Chartres : Béville-le-Comte ! Courville ! Berchères-la-Maingot ! Maintenon !
Arrond. de Dreux : Cherisy ! la Vesgre !
Arrond. de Châteaudun : Marboué ! Cormainville ! l'Aigre ! etc.

AGROSTIS, Agrostis.

AGROSTIS ALBA (Linn.), *Agrostis blanche.*

Noms pop. : *Traîne, Traînasse.*
CC. — Lieux herbeux, prairies, bois, champs en friche, bords des chemins. — Juin, juillet. — ♃.

β *Stolonifera.* — C. — Mêmes lieux que le type.

AGROSTIS VULGARIS (Wither.), *Agrostis vulgaire.*

C. — Bois, prairies, lieux herbeux. — Juin, juillet. — ♃.

AGROSTIS CANINA (Linn.), *Agrostis des chiens.*

AC. — Prairies marécageuses, bois humides, pâturages. Juillet, août. — ①.

APERA, Apéra.

APERA SPICA-VENTI (P. Beauv.), *Apéra jouet-du-vent.*

CC. — Moissons, champs en friche. — Juin, juillet. — ①.

MILIUM, Millet.

MILIUM EFFUSUM (Linn.), *Millet étalé.*

Nom pop. : *Millet sauvage*
AC. — Bois montueux, collines boisées. — Mai, juillet. — ♃.

CORYNEPHORUS, Corynéphore.

CORYNEPHORUS CANESCENS (P. BEAUV.), *Corynéphore blanchâtre.*

RR. — Côteaux secs des terrains sablonneux. Juillet, août. — ♃.
Assez abondant aux environs de Nogent-le-Rotrou! (Duteyeul).

AIRA, Canche.

AIRA CARYOPHYLLEA (Linn.), *Canche caryophyllée.*

CC. — Côteaux secs, bords des chemins, lisières des bois, bruyères. — Mai, juin. — ①.

AIRA PRÆCOX (Linn.), *Canche précoce.*

AC. — Lieux sablonneux, côteaux secs, bruyères. Avril, mai. — ②.

DESCHAMPSIA, Deschampsie.

DESCHAMPSIA CESPITOSA (P. Beauv.), *Deschampsie cespiteuse.*

AC. — Lieux frais, bois humides, bords des fossés et des rivières. — Juin, juillet. — ♃.

DESCHAMPSIA FLEXUOSA (Griseb), *Deschampsie flexueuse.*

CC. — Bois, taillis, bruyères. — Juin, août. — ♃.

DESCHAMPSIA THUILLIERI (Gr. et Godr.), — *Aira uliginosa* Coss. et Germ., fl. par. — *Deschampsie de Thuillier.*

RR. — Marais tourbeux. — Juillet, septembre. — ♃.

Abondant à la queue de l'étang de Guipéreux, sur les limites du département.

AVENA, Avoine.

AVENA FATUA (Linn.), *Avoine folle.*

Nom pop. : *Folle-avoine.*

C. — Moissons, lieux vagues, carrières. — Juin, août. — ①.

AVENA PRATENSIS (Linn.), *Avoine des prés.*

AC. — Prés secs, côteaux herbeux incultes, clairières des bois. — Juin, juillet. — ♃.

Luisant! Le Gord! Dreux! Anet! Varize! Courbehaye! Nogent-le-Rotrou! etc.

AVENA PUBESCENS (Linn.), *Avoine pubescente.*

C. — Prairies, bois secs. — Mai, juin. — ♃.

ARRHENATHERUM, Arrhénathère.

ARRHENATHERUM ELATIUS (Gaud.), *Arrhénathère élevée.*

Nom pop. : *Fromental.*
CC. — Prairies, lieux herbeux. — Juin, juillet. — ♃.

ARRHENATHERUM BULBOSUM (Presl.), *Arrhénathère bulbeuse.*

Noms pop. : *Avoine à chapelet, Chiendent à chapelet.*
C. — Champs arides, moissons maigres.
Juin, juillet. — ♃.

TRISETUM, Trisétum.

TRISETUM FLAVESCENS (P. Beauv.), *Trisétum jaunâtre.*

CC. — Prairies, moissons, lieux herbeux.
Juin, juillet. — ♃.

HOLCUS, Houque.

HOLCUS LANATUS (Linn.), *Houque laineuse.*

CC. — Bords des chemins, prairies, talus des chemins de fer.
Juin, août. — ♃.

HOLCUS MOLLIS (Linn.), *Houque molle.*

AC. — Clairières des bois, bruyères. — Juillet, août. — ♃.

KÆLERIA, Kælérie.

KÆLERIA CRISTATA (Pers.), *Kælérie à crête.*

C. — Côteaux incultes, lisières et clairières des bois, berges
des routes. — Juin, juillet. — ♃.

CATABROSA, Catabrose.

CATABROSA AQUATICA (P. Beauv.), *Catabrose aquatique.*

C. — Prairies, fossés, lieux marécageux.
Juin, juillet. — ♃.

GLYCERIA, Glycérie.

GLYCERIA FLUITANS (R. Br.), *Glycérie flottante.*

Nom pop. : *Herbe à la manne.*
CC. — Mares, fossés, lieux marécageux, bords des ruisseaux
et des rivières.
Mai, juillet. — ♃.

GLYCERIA PLICATA (Fries), *Glycérie pliée.*

RR. — Mares, fossés profonds, lieux marécageux.
Mai, juillet. — ♃.

Observé dans une mare à droite de la route d'Illiers, près
Chartres ! (Richard).

GLYCERIA AQUATICA (Wahl.), *Glycérie aquatique.*

C. — Bords des fossés, des ruisseaux et des rivières.
Juin, août. — ♃.

POA, Paturin.

POA ANNUA (Linn.), *Paturin annuel.*

CC. — Cours, rues peu fréquentées, lieux cultivés et incultes.
Avril, novembre. — ①.

POA NEMORALIS (Linn.), *Paturin des bois.*

C. — Bois, taillis, vieux murs, décombres.
Juin, août. — ♃.

β *Firmula.* — RR. — Vieux murs à Luisant, près Chartres !
(Richard).

Poa bulbosa (Linn.), *Paturin bulbeux*.

C. — Vieux murs, bords des chemins. — Mai, juin. — ♃.

β *Vivipara*. — CC. — Vieux murs de terre.

Poa compressa (Linn.), *Paturin comprimé*.

C. — Vieux murs, quais, bords des champs.
Juin, juillet. — ♃.

Poa pratensis (Linn.), *Paturin des prés*.

CC. — Prairies, bords des chemins, lieux herbeux.

β *Angustifolia*. — C. — Lieux secs, champs arides, bords
des chemins.

Poa trivialis (Linn.), *Paturin commun*.

CC. — Prairies, lieux herbeux. — Juin, juillet. — ♃.

BRIZA, Brize.

Briza media (Linn.), *Brize intermédiaire*.

Noms pop. : *Gramen tremblant, Amourette*.
CC. — Allées des bois, taillis, bords des chemins, prairies.
Juin, juillet. — ♃.

MELICA, Mélique.

Melica uniflora (Retz.), *Mélique uniflore*.

C. — Bois, taillis montueux. — Juin, juillet. — ♃.

MOLINIA, Molinie.

Molinia cærulea (Mœnch), *Molinie bleue*.

C. — Prairies marécageuses, lieux tourbeux, bords des étangs.
Mai, juin. — ♃.

DACTYLIS, Dactyle.

Dactylis glomerata (Linn.), *Dactyle aggloméré*.

CC. — Prairies, champs, bords des chemins, lieux herbeux.
Juin, juillet. — ♃.

DANTHONIA, Danthonie.

Danthonia decumbens (D. C.), *Danthonie inclinée*.

C. — Prairies sèches, bois arides, bruyères.
Juin, juillet. — ♃.

CYNOSURUS, Cynosure.

Cynosurus cristatus (Linn.), *Cynosure à crête*.

Nom pop. : *Crételle commune*.

CC. — Bords des chemins, prairies, lieux herbeux.
Juin, juillet. — ♃.

β *Vivipar*. — RR. — Bords de la route de Châteauneuf, à la sortie du faubourg Saint-Jean à Chartres! (Richard).

FESTUCA, Fétuque.

Festuca pseudo-myuros (Soy. Will.), *Fétuque queue de rat*.

C. — Lieux pierreux, prairies, bords des chemins.
Mai, juin. — ①.

Festuca sciuroides (Roth), *Fétuque queue d'écureuil*.

AC. — Lieux secs, clairières des bois, vieux murs.
Mai, juin. ①.

Festuca bromoides (Linn.), *Fétuque bromoïde*.

RR. — Clairières des bois sablonneux. — Mai, juin. — ①.
Arrond. de Dreux : bois de Gilles, près Anet! (Brou).

FESTUCA TENUIFLORA (Sibth.), *Fétuque à feuilles menues.*

C. — Lieux sablonneux arides, vieux murs.
Mai, juin. — ♃.

FESTUCA OVINA (Linn.), *Fétuque des brebis.*

CC. — Lieux secs, côteaux herbeux. — Mai, juin. — ♃.

FESTUCA DURIUSCULA (Linn.), *Fétuque duriuscule.*

CC. — Clairières et lisières des bois, pelouses sèches, bords
des chemins. — Mai, juillet. — ♃.

FESTUCA RUBRA (Linn.), *Fétuque rouge.*

CC. — Lisières des bois, prairies, bords des chemins.
Mai, juin. — ♃.

FESTUCA HETEROPHYLLA (Linn.), *Fétuque hétérophylle.*

C. — Taillis, bois montueux, lieux herbeux ombragés.
Juin, août. — ♃.

FESTUCA PRATENSIS (Huds.), *Fétuque des prés.*

CC. — Prairies, bords des eaux, fossés. — Juin, juillet. — ♃.

FESTUCA GIGANTEA (Vill.), *Fétuque élancée.*

AR. — Buissons ombragés, bois, taillis. — Juin, juillet. — ♃.
Arrond. de Chartres : assez abondant à Longsault ! Fontaine-
Bouillant ! et autres localités voisines !
Arrond. de Dreux : bois Yon ! — Oulins ! (Brou).
Arrond. de Châteaudun : Varize ! Conie ! (Duteyeul).

BROMUS, Brome.

BROMUS TECTORUM (Linn.), *Brome des toits.*

CC. — Lieux secs, vieux murs de terre. — Mai, juin — ①.

BROMUS STERILIS (Linn.), *Brome stérile.*

CC. — Haies, vieux murs, bords des chemins.
Mai, septembre. — ①.

— 215 —

Bromus asper (Murr.), *Brome rude.*

C. — Buissons, bois couverts. — Juin, juillet. — ♃.

Bromus erectus (Huds.), *Brome dressé.*

C. — Côteaux herbeux, prairies sèches, pelouses.
Mai, juin. — ♃.

Bromus secalinus (Linn.), *Brome des seigles.*

RR. — Moissons, prairies artificielles. — Juin, juillet. — ①.
Arrond. de Chartres : assez abondant aux environs de la ville,
à Saint-Cheron ! Luisant ! Oisème ! Gasville ! etc.

Bromus arvensis (Linn.), *Brome des champs.*

CC. — Champs, pied des murs, prairies artificielles.
Juin, juillet. — ①.

Bromus commutatus (Schrad.), *Brome changeant.*

C. — Moissons, bords des chemins, prairies artificielles.
Mai, juin. — ①.

Bromus mollis (Linn.), *Brome mollet.*

CC. — Prairies, bords des chemins, champs, moissons.
Mai, juin. ②.

HORDEUM, Orge.

Hordeum murinum (Linn.), *Orge queue de souris.*

Noms pop. : *Orge sauvage, Orge de rat.*
CC. — Bords des chemins, pied des murs, lieux herbeux,
décombres. — Mai, juillet. — ♃.

Hordeum secalinum (Schreb.), *Orge faux-seigle.*

AC. — Prairies, pâturages, lieux herbeux humides.
Juin, juillet. — ♃.

ÆGILOPS, Egilops.

ÆGILOPS OVATA (Linn.), *Egilops ovoïde.*

Juin, juillet. — ①.

Cette plante, qui n'a pas encore été rencontrée dans Eure-et-Loir, croît assez abondamment sur les rochers de Gué-sur-Loir, près Vendôme (Loir-et-Cher), localité peu éloignée des limites de ce catalogue. [Lefrou in Boreau, fl. centr. — Juillard in Coss. et Germ., fl. par., éd. 2.]

AGROPYRUM, Agropyre.

AGROPYRUM REPENS (P. Beauv.), *Agropyre rampant.*

Nom pop. : *Chiendent.*
CC. — Bords des chemins, lieux incultes.
Juin, juillet. — ♃.

AGROPYRUM CANINUM (P. Beauv.), *Agropyre des chiens.*

CC. — Bois, haies, buissons. — Juin, juillet. — ♃.
β *Aristatum.* — C. — Lieux herbeux ombragés.

BRACHYPODIUM, Brachypodium.

BRACHYPODIUM SYLVATICUM (P. Beauv.), *Brachypodium des bois.*

C. — Lisières et clairières des bois, taillis, lieux herbeux ombragés. — Juillet, août. — ♃.

BRACHYPODIUM PINNATUM (P. Beauv.), *Brachypodium penné.*

CC. — Haies, buissons, prairies, clairières des bois, côteaux herbeux. — Juin, juillet. — ♃.

LOLIUM, Ivraie.

LOLIUM PERENNE (Linn.), *Ivraie vivace.*

Nom pop. : *Ray-grass.*
CC. — Bords des chemins et des champs, pelouses sèches, lieux herbeux. — Juin, octobre. — ♃.

β *Tenue*. — AC. — Lieux pierreux arides.

γ *Aristatum*. — C. — Prairies, lieux herbeux.

LOLIUM ITALICUM (Al. Br.), *Ivraie d'Italie.*

Nom pop. : *Ray-grass d'Italie.*

Subspontané çà et là dans les moissons et les prairies artificielles. Provient de la culture. — Juin, juillet. — ①.

LOLIUM MULTIFLORUM (Gand.), *Ivraie multiflore.*

AC. — Moissons, prairies artificielles. — Mai, juillet. — ④.

LOLIUM TEMULENTUM (Linn.), *Ivraie enivrante.*

Nom pop. : *Ivraie.*

C. — Moissons, champs, terres remuées.
Juin, juillet. — ②.

β *Robustum.* — Epillets à fleurs mutiques (an *L. Robustum,* Rchb?), çà et là avec le type.

NARDURUS, Nardure.

NARDURUS TENELLUS (Rchb.), *Nardure à feuilles menues.*

R. — Lieux secs, vieux murs, bords des chemins sablonneux. Juillet, août. — ④.

Assez fréquent dans les arrond. de Châteaudun et de Nogent-le-Rotrou !

β *Aristatus.* — (*Triticum nardus.* D. C.), avec le type, mais dans les endroits très-arides.

NARDUS, Nard.

NARDUS STRICTA (Linn.), *Nard raide.*

RR. — Bruyères tourbeuses. — Mai, juin. — ♃.

Bords de l'étang de Guipéreux, sur les limites du département !

III.

ENDOGÈNES CRYPTOGAMES

ou

ACOTYLÉDONÉES VASCULAIRES.

Famille des FOUGÈRES.

BOTRYCHIUM, Botriquie.

Botrychium lunaria (Sw.), *Botryquie lunaire.*

RR. — Bruyères, côteaux sablonneux découverts, pâturages secs. — Mai, juin. — ♃.

Arrond. de Chartres : Illiers ! (Duteyeul *teste* Doncret).
Arrond. de Dreux : Anet ! (Daënen).
Gambais, près Houdan ! (Brou).

OPHIOGLOSSUM, Ophioglosse.

Ophioglossum vulgatum (Linn.), *Ophioglosse commune.*

Nom pop. : *Langue de serpent.*

RR. — Prairies marécageuses. — Juin, juillet. — ♃.

Arrond. de Chartres : Saint-Prest ! (Richard). — Illiers ! Saint-Eman ! (Duteyeul).
Houdan ! (Daënen).

OSMUNDA, Osmonde.

Osmunda regalis (Linn.), *Osmonde royale.*

RR. — Bruyères tourbeuses, prairies marécageuses.
Mai, septembre. — ♃.

Arrond. de Dreux : marais à l'O. de la forêt de Senonches, un peu au N. des Menus! (Duteyeul).

Arrond. de Nogent-le-Rotrou : au bas de Croisilles dans la direction de Condé! (Duteyeul).

Étang de Guipéreux, sur les limites du département.

CETERACH. — Cétérach.

CETERACH OFFICINARUM (C. Bauh.), *Cétérach officinal.*

Nom pop. : *Herbe dorée.*

R.—Vieilles murailles, ruines, rochers. —Mai, octobre. — ♃.

Arrond. de Dreux : château de Dreux!

Arrond. de Châteaudun : Bonneval! — Cavée de la Reine à Châteaudun! — Varize! (Duteyeul).

Arrond. de Nogent-le-Rotrou : murs qui avoisinent le château! — Thiron!

POLYPODIUM, Polypode.

POLYPODIUM VULGARE (Linn.), *Polypode commun.*

Nom pop. : *Polypode.*

CC. — Vieux murs, bois, troncs des arbres. Mai, juillet. — ♃.

β *Serratum.* — Frondes dentelées. — AC. — Bois humides.

ASPIDIUM, Aspidie.

ASPIDIUM ACULEATUM (Sw.), *Aspidie à cils raides.*

R. — Bois montueux, rochers, buissons ombragés. Juin, septembre. — ♃.

Arrond. de Dreux : moulin de Tardais! Senonches!

Arrond. de Chartres : Epernon! (De Schœnefeld in Coss. et Germ., fl. par., éd. 2.)

Arrond. de Châteaudun : bois de la Varenne! (L. Vuez).

Arrond. de Nogent-le-Rotrou : bois du Perchet! Margon! (Duteyeul).

Guipéreux, sur les limites du département.

β *Angulare.* — Mêlé avec le type.

POLYSTICHUM, Polystic.

POLYSTICHUM FILIX-MAS (Roth), *Polystic fougère-mâle.*

AC. — Lieux frais, lisières et clairières des bois, chemins creux, buissons ombragés. — Juin, septembre. — ♃.

POLYSTICHUM SPINULOSUM (D. C.), *Polystic à petites pointes.*

R. — Bois humides, buissons ombragés, chemins creux. Juin, septembre. — ♃.

Assez abondant aux environs de Châteaudun ! (Bellamy).

POLYSTICHUM ABBREVIATUM (D. C.), *Polystic à lobes raccourcis.*

RR. — Bois humides, buissons ombragés. Mai, juin. — ♃.

Arrond. de Châteaudun : Marboué ! — La Varenne ! (L. Vuez).

POLYSTICHUM CALLIPTERIS (D. C.), *Polystic à crête.*

RR. — Bois humides, marais. — Juin, juillet. — ♃.

Arrond. de Châteaudun : bois marécageux entre Valainville et Conie ! — marais entre Moléans et Molitard ! (L. Vuez).

POLYSTICHUM THELYPTERIS (D. C.), *Polystic à bords roulés.*

RR. — Marais, lieux tourbeux. — Juin, juillet. — ♃.

Arrond. de Châteaudun : C. dans les marais de la Conie ! (L. Vuez).

CYSTOPTERIS, Cystoptéris.

CYSTOPTERIS FRAGILIS (Bernh.), *Cystoptéris fragile.*

RR. — Chemins creux des terrains sablonneux. Mai, août. — ♃.

Arrond. de Chartres : abondant sur la berge droite du chemin qui mène de Saint-Prest à la Sablière !

Talus de la forêt à Guipéreux, en face l'étang !

Sargé, canton de Mondoubleau (Loir-et-Cher). [Em. Desvaux in Puel et Maille, pl. de Fr. exsicc.], localité peu éloignée des limites d'Eure-et-Loir.

ATHYRIUM, Athyrium.

ATHYRIUM FILIX-FŒMINA (Roth), *Athyrium fougère-femelle.*

AC. — Bois ombragés, buissons humides. — Mai, août. — ♃.

ASPLENIUM, Asplénie.

ASPLENIUM TRICHOMANES (Linn.), *Asplénie polytric.*

Nom pop. : *Capillaire.*

C. — Murs ombragés humides, rochers, puits abandonnés.
Mai, septembre. — ♃.

ASPLENIUM RUTA MURARIA (Linn.), *Asplénie rue de muraille.*

Nom pop. : *Rue de muraille.*

CC. — Vieux murs, joints des pierres de taille, rochers.
Avril, octobre. — ♃.

ASPLENIUM ADIANTHUM NIGRUM (Linn.), *Asplénie noire.*

Nom pop. : *Capillaire noir.*

C. — Murs humides, chemins creux, buissons ombragés, rochers, anciens édifices. — Mai, septembre. — ♃.

SCOLOPENDRIUM, Scolopendre.

SCOLOPENDRIUM OFFICINALE (Smith), *Scolopendre officinale.*

Nom pop. : *Scolopendre.*

C. — Excavations humides, puits abandonnés. rochers.
Mai, septembre. — ♃.

BLECHNUM, Blechne.

BLECHNUM SPICANS (Roth), *Blechne spicant.*

RR. — Prairies spongieuses, marais tourbeux.
Juin, août. — ♃.
Arrond. de Dreux : étang de Tardais, près Senonches !
Arrond. de Nogent-le-Rotrou : Les Etilleux ! (Dutoyeul)

PTERIS, Ptéris.

PTERIS AQUILINA (Linn.), *Ptéris aigle-impérial*.

Noms pop. : *Fougère, Fougère commune, Grande Fougère*.
CC. — Bois, taillis, côteaux herbeux, buissons ombragés.
Juillet, septembre. — ♃.

FAMILLE DES ÉQUISÉTACÉES.

EQUISETUM, Prêle.

EQUISETUM ARVENSE (Linn.), *Prêle des champs*.

Nom pop. : *Queue de rat*.
CC. — Champs argileux, prairies, pelouses humides.
Mars, avril.

EQUISETUM TELMATEYA (Ehrh.), *Prêle d'ivoire*.

RR. — Lieux marécageux. — Mars, avril.
Arrond. de Nogent-le-Rotrou : Coudreceau! (Duteyeul).

EQUISETUM PALUSTRE (Linn.), *Prêle des marais*.

Nom pop. : *Queue de cheval*.
CC. — Fossés, mares, prairies, bords des eaux.
Mai, août.

EQUISETUM LIMOSUM (Linn.), *Prêle des bourbiers*.

C. — Mares, fossés, marécages. — Mai, juin.

FAMILLE DES RHIZOCARPÉES.

PILULARIA, Pilulaire.

PILULARIA GLOBULIFERA (Linn.), *Pilulaire à globules.*

RR. — Bords des mares tourbeuses. — Juin, août — $\mathmrm{2\!\!\!|}$.

Arrond. de Chartres : marais de l'ancienne rivière de Louis XIV,
à Berchères-la-Maingot ! (Vigineix).

FAMILLE DES LYCOPODIACÉES.

LYCOPODIUM, Lycopode.

LYCOPODIUM CLAVATUM (Linn.), *Lycopode à massue.*

Nom pop. : *Lycopode.*

RR. — Pied des arbres dans les bois montueux.

Arrond. de Dreux : forêt de Dreux au-dessus de Boncourt !
(Brou).

PLANTES CELLULAIRES.

1.

CELLULAIRES ACROGÈNES.

Famille des CHARACÉES.

CHARA, Charagne (1).

Chara hispida (Linn.), *Charagne hispide.*

AC. — Mares, étangs, flaques d'eau, tourbières.
Juin, juillet.

Chara fætida (Al. Br.), *Charagne fétide.*

Nom pop. : *Charagne.*
CC. — Mares, eaux stagnantes, fossés des terrains marécageux. — Juin, juillet.

Chara fragilis (Desv.), *Charagne fragile.*

C. — Mares, eaux stagnantes, fossés tourbeux.
Juin, juillet.

(1) Les espèces de ce genre sont plus particulièrement abondantes
dans les eaux stagnantes qui séjournent au milieu des champs dans la
Beauce.

NITELLA, Nitelle.

NITELLA SYNCARPA (Chev.), *Nitelle à fruits rassemblés.*

RR. — Marais, eaux stagnantes. — Août.

Arrond. de Chartres : Berchères-la-Maingot!
Arrond. de Châteaudun : Thoreau ! (L. Vuez).

NITELLA OPACA (Agardh), *Nitelle opaque.*

RR. — Fossés des marais tourbeux. — Juillet, août.
Arrond. de Dreux : marais des Évées à Senonches!

NITELLA TRANSLUCENS (Agardh), *Nitelle transparente.*

RR. — Eaux stagnantes, fossés des étangs sablonneux.
Juillet, août.
Arrond. de Chartres : Béville-le-Comte!
Arrond. de Dreux : marais des Évées à Senonches!

NITELLA BRONGNIARTIANA (Coss. et Germ.), *Nitelle de Brongniart.*

RR. — Fossés des marais tourbeux. — Juillet, août.

Abondant dans les fossés qui entourent l'étang de Guipéreux !
sur les limites d'Eure-et-Loir.

NITELLA MUCRONATA (Coss. et Germ.), *Nitelle mucronée.*

RR. — Mares, eaux stagnantes, fossés tourbeux.
Juillet, août.
Arrond. de Dreux : marais des Évées à Senonches !

NITELLA GRACILIS (Agardh), *Nitelle gracieuse.*

RR. — Mares, fossés des terrains sablonneux.
Juillet, août.
Arrond. de Dreux : marais des Évées à Senonches !

NITELLA TENUISSIMA (Coss. et Germ.), *Nitelle très-petite.*

RR. — Bords des tourbières.
Arrond. de Chartres : Béville-le-Comte !

———

Famille des MOUSSES (1).

EPHEMERUM (Dill.).

Ephemerum serratum (Hampe). — *Phascum serratum* (Schreb.).

Bois de Luisant et de Lèves, près Chartres!
Automne, printemps.

EPHEMERELLA (Schimp.).

Ephemerella recurvifolia (Mull.).

Sur la terre, dans les prés du Gord et les Grands-Prés aux environs de Chartres! — Hiver, automne.

SPHÆRANGIUM (Schimp.).

Sphærangium muticum (Schimp.). — *Acaulon muticum* (Muell.).
— *Phascum muticum* (Schreb.).

(1) C'est à mon excellent ami, M. Richard, que je dois la majeure partie des matériaux qui m'ont permis d'élaborer cette famille. Il peut être considéré comme le premier dans le département qui se soit sérieusement occupé de l'étude si intéressante des mousses.

Aux découvertes que je dois pour les environs de Chartres à cet infatigable ami des sciences, sont venues s'ajouter celles de M. l'abbé Daënen pour les environs de Dreux, de M. L. Vuez pour ceux de Châteaudun, et enfin celles que j'ai pu faire dans mes excursions phanérogamiques sur bon nombre de points du territoire chartrain.

Cependant, malgré les nombreux matériaux dont j'ai pu disposer, je ne me suis pas cru assez autorisé pour indiquer, comme je l'ai fait dans le cours de ce catalogue, le degré de fréquence et de rareté des espèces que j'ai enregistrées.

J'ai suivi l'ordre et la nomenclature du *Synopsis muscorum Europæarum*, ouvrage dans lequel M. W. Schimper a scrupuleusement et savamment révisé les genres des anciens auteurs. Aussi la synonymie que je donne après chaque espèce sera utile pour les retrouver dans les flores locales de MM. Chevallier et Mérat. J'ai extrait cette synonymie du *Catalogue des Mousses des environs de Paris*, publié par M. Emile Le Dien, dans le tome V des Bulletins de la Société botanique de France.

Sur la terre argileuse, dans les champs et les bois.
Printemps.

PHASCUM (Linn. ex parte).

PHASCUM CUSPIDATUM (Schreb.).

Sur la terre, dans les champs. — Hiver, printemps.

PHASCUM BRYOIDES (Dicks.).

Trouvé une seule fois au Coudray, près Chartres ! (Richard).
Printemps.

PHASCUM CURVICOLLUM (Hedw.).

Sur la terre, dans les allées des Grands-Prés aux environs de
Chartres ! — Hiver.

PLEURIDIUM (Brid.).

PLEURIDIUM NITIDUM (Br. eur.). — *Phascum nitidum* (Hedw.).
— *Ph. axillare* (Dicks., Chev., Mér.).

Sur la terre, aux bords d'une mare desséchée au Coudray, près
Chartres ! — Automne, printemps.

PLEURIDIUM SUBULATUM (Br. eur.). — *Phascum subulatum*
(Schreb., Chev., Mér.).

Sur la terre, dans les bois à Lèves ! Chavannes ! Longsault !
Fontaine-Bouillant ! Luisant ! Morancez ! Oisème ! etc.
Printemps.

ARCHIDIUM (Schimp.).

ARCHIDIUM ALTERNIFOLIUM (Schimp.).

Sur la terre, dans les bois sablonneux.
Bois des Grès, au-dessus de Saint-Cheron, près Chartres !
bois de la Diane à Epernon ! — Hiver.

SYSTEGIUM (Br. eur.).

SYSTEGIUM CRISPUM (Br. eur.). — *Astomum crispum* (Hampe). —
Phascum crispum (Hedw.).
Sur la terre, dans les champs argileux.
Barjouville, dans les luzernes. — Hiver.

GYMNOSTOMUM (Hedw.).

GYMNOSTOMUM MICROSTOMUM (Hedw.).
Sur la terre, dans les champs et les bois. — Printemps.

WEISSIA (Hedw.).

WEISSIA VIRIDULA (Brid.). — *W. controversa* (Hedw.).
Sur la terre, dans les bois sablonneux.
Luisant! bois des Grès! bois des Pierres-Bègles! Epernon!
Faverolles! — Printemps.

 Var. ε *Gymnostomoides* (Br. eur.).
  Bois de la Diane à Epernon!

WEISSIA CIRRHATA (Hedw.).
Rochers de grès.
Berchères-la-Maingot! bois des Grès! — côte d'Epernon! —
côte d'Hermeray! — Châteaudun! — Printemps.

DICRANELLA (Schimp.)

DICRANELLA VARIA (Cor. Br. eur.). — *Dicranum varium* (Hedw.).
Sur la terre, dans les bois.
Luisant! Oisème! Fontaine-Bouillant! — Hiver, printemps.

DICRANELLA HETEROMALLA (Cor. Br. eur.). — *Dicranum hetero-
mallum* (Hedw.).
Bords des bois, berges des chemins creux. — Printemps.

DICRANUM (Hedw.).

DICRANUM SCOPARIUM (Hedw.).

Sur la terre, dans les bois, au pied des arbres. — Printemps.

DICRANUM PALUSTRE (Brid.). — *D. undulatum* (Turn., Chev., Mér.).

Marais tourbeux, étangs.

Étang de Tardais, près Senonches !

CAMPYLOPUS (Brid.).

CAMPYLOPUS FLEXUOSUS (Brid.). — *Dicranum flexuosum* (Hedw.).

Bois de Seresville, sur le revers d'un chemin creux, près de la Tuilerie ! — Printemps.

CAMPYLOPUS LONGIPILUS (Brid.). — *C. pilifer* (Mér.).

Rochers de grès.

AC, sur la côte d'Epernon ! — Baronville, près Béville-le-Comte ! — bois des Grès, près Chartres !

Toujours stérile.

LEUCOBRYUM (Hampe).

LEUCOBRYUM GLAUCUM (Hampe). — *Dicranum glaucum* (Hedw.).

Bois des Grès, près Chartres ! bois de Lèves ! — abondant à Épernon et sur la côte d'Hermeray ! — Faverolles ! — la Boulidière, près Châteaudun !

Fructifie assez rarement. - Hiver, printemps.

FISSIDENS (Hedw.).

FISSIDENS BRYOIDES (Hedw.).

Sur la terre argileuse des bois. — Hiver.

Fissidens exilis (Hedw.). — *F. bryoides* (Mér.).

Bois humides, sous les détritus des feuilles amoncelées, à la fin de l'hiver.

Le Coudray! Luisant!

Fissidens incurvus (Schw.).

Sur la terre, dans les bois.

Josaphat! Luisant! bois Lamotte, près Chartres! — souvent mêlé aux *F. bryoides*. — Printemps.

Fissidens taxifolius (Hedw.).

Bois des terrains argileux, dans les endroits un peu humides. Hiver, printemps.

Fissidens adiantoides (Hedw.).

Bois humides, marais tourbeux, bords des étangs

Bois Lamotte! — bois des Grès! — marais des Evées près Senonches! — étang de Tardais! — vallée de la Conie! — étang de Guipéreux! — Printemps.

POTTIA (Ehrh.).

Pottia cavifolia (Ehrh.). — *Gymnostomum ovatum* (Hedw., Chev., Mér.).

Très-abondant sur tous les murs de terre. Automne, hiver.

Pottia minutula (Br. et Sch.). — *Gymnostomum minutulum* (Schw.).

Prairies à Josaphat! — bois des Pierres-Bègles! Hiver, printemps.

Pottia truncata (Br. et Sch.). — *Gymnostomum truncatulum* (Hedw., Mér.)

Sur la terre, dans les bois et les prés. — Hiver, printemps.

Var. β *Major*. — Vieux murs de terre.

ANACALYPTA (Kœhl.).

ANACALYPTA LANCEOLATA (Kœhl.). — *Weissia lanceolata* (Brid.).

Sur les murs de terre : Luisant, près Chartres! — La Boissière, près Châteaudun!

ANACALYPTA STARKEANA (Nees et Hornsch.). — *Weissia starkeana* (Hedw., Mér.).

Sur les murs de chaume, à Luisant et Saint-Cheron! — Sur la terre, dans le bois des Pierres-Bègles, près Chartres!
Printemps.

DIDYMODON (Schw.).

DIDYMODON RUBELLUS (Br. eur.). — *Weissia curvirostra* (Mér.).

Sur la terre, dans les bois. — Printemps.
Bois de Oisème, près Chartres!

CERATODON (Brid.).

CERATODON PURPUREUS (Brid.). — *Didymodon purpureus* (Mér.);
— *Dicranum purpureum* (Chev.).

Sur les vieux murs et sur la terre dans les bois. — Printemps.

LEPTOTRICHUM (Schimp.).

LEPTOTRICHUM FLEXICAULE (C. Mull.). — *Trichostomum flexicaule* (Br. eur.); — *Didymodon flexicaulis* (Brid.).

Côteaux arides, pelouses rases.

Oisème, près le champ de manœuvres! — Béville-le-Comte, près des Tourbières! (stérile).

LEPTOTRICHUM PALLIDUM (C. Mull.). — *Trichostomum pallidum* (Br. eur.); — *Didymodon pallidus* (Arnott, Mér.).

Sur la terre, dans les bois argileux. — Printemps.
Luisant! les Cinq-Croix! Bailleau-l'Évêque!

TRICHOSTOMUM (Hedw.).

TRICHOSTOMUM CONVOLUTUM (Brid.).

Sur les murs de terre.
Saint-Cheron et Seresville, près Chartres ! — Printemps.

BARBULA (Hedw.).

BARBULA RIGIDA (Schultz). — *Tortula rigida* (Hedw.); — *T. enervis* (Hook. et Tayl., Mér.).

Sur les vieux murs de terre, à Luisant ! et Saint-Brice ! près Chartres. — Printemps.

BARBULA AMBIGUA (Br. eur.).

Sur les murs de terre. — Automne, hiver.

BARBULA ALOIDES (Br. eur.).

Sur les murs à Luisant ! Berchères-l'Evêque !
Hiver, printemps.

BARBULA UNGUICULATA (Hedw.). — *Tortula unguiculata* (Chev., Mér.).

Sur la terre, dans les champs et sur les vieux murs de terre.
Hiver, printemps.

β *Cuspidata.* — Mêlé avec le type.

BARBULA HORNSCHUCHIANA (Schultz).

Sur la terre, aux bords des chemins sablonneux. — Printemps.
Environs de Châteaudun !

BARBULA FALLAX (Hedw.). — *Tortula fallax* (Mér.).

Sur la terre, dans les champs, sur les murs et les toits.
Hiver, printemps.

Barbula convoluta (Hedw.). — *Tortula convoluta* (Mér.).

Sur la terre, dans les bois de Fontaine-Bouillant, près Chartres ! — Printemps.

Barbula revoluta (Schw.). — *Tortula revoluta* (Mér.).

Sur les murs du cimetière de Saint-Cheron ! — Printemps.

Barbula muralis (Timm.). — *Tortula muralis* (Mér.).

Abondant sur les murs et les toits. — Printemps.

β *Incana.* — Murs du parc de Ver-lés-Chartres !

γ *Æstiva.* — Sur les murs enduits de mortier.

Barbula subulata (Brid.). — *Tortula subulata* (Mér.).

Sur la terre, dans les bois sablonneux, troncs des saules. Printemps.

Barbula lævipila (Br. eur.).

Troncs des arbres, principalement des saules et des peupliers, dans les bois humides et les prés. — Printemps.

Barbula ruralis (Hedw.). — *Tortula ruralis* (Mér.).

Sur les murs de terre et les toits de chaume. Hiver, printemps.

CINCLIDOTUS (Br. et Schimp.).

Cinclidotus fontinaloides (P. de Beauv., Mér.). — *Trichostomum fontinaloides* (Hedw., Chev.).

Sur les pierres des passerelles et des digues à Ver-lés-Chartres et à Morancez ! — Printemps.

GRIMMIA (Ehrh.).

Grimmia apocarpa (Hedw.).

Abondant sur les pierres et les murs. — Hiver.

Grimmia pulvinata (Hook., Mér., fl. par.). — *Dicranum pulvinatum* (Chev.).

Très-commun sur les murs, les pierres et les toits. — Hiver.

β *Obtusa.* — (G. africana, Mér.).

Assez abondant sur les rochers de grès à Épernon!

γ *Longipila.* — Sur les vieux murs à Luisant!

Grimmia leucophæa (Grev.).

Rochers de grès à Épernon! — Printemps.

Grimmia Schultzii (Wils.).

Rochers de grès.

Abondant à Épernon et sur toute la côte d'Hermeray! — Bois des Grès, près Chartres, où il est rare! — Printemps.

RACOMITRIUM (Br. eur.).

Racomitrium lanuginosum (Brid.). — *Trichostomum lanuginosum* (Hedw.).

Rochers. — Bois des Grès, près Chartres, où il est rare et stérile!

Racomitrium canescens (Brid.).

Sur les rochers, les murgers, les lieux pierreux. — Printemps. Fructifie assez rarement.

HEDWIGIA (Ehrh.)

Hedwigia ciliata (Hedw.). — *Anæctangium ciliatum* (Hedw., Mér.).

Rochers de grès.
Bois des Pierres-Bègles et des Grès, près Chartres! — Épernon, où il est abondant! — Châteaudun! — Printemps.

ULOTA (Mohr.).

Ulota crispa (Br. eur.). — *Orthotrichum crispum* (Hedw.).

Troncs des arbres à Longsault! et Oisème! — Printemps.

ORTHOTRICHUM (Hedw.).

ORTHOTRICHUM STURMII (Hop. et Hornsch.).
Rochers de grès à Épernon! — Printemps.

ORTHOTRICHUM CUPULATUM (Hoffm.).
Rochers de grès à Épernon! — Printemps.

ORTHOTRICHUM ANOMALUM (Hedw.).
Sur les rochers et sur les pierres. — Hiver.

ORTHOTRICHUM PUMILUM (Schw.).
Troncs des arbres sur la Butte des Charbonniers à Chartres!
Hiver.

ORTHOTRICHUM AFFINE (Schrad.).
Commun sur les troncs d'arbres. — Été.

ORTHOTRICHUM FASTIGIATUM (Brid.).
Sur les pierres, dans le bois des Grès! — Été.

ORTHOTRICHUM DIAPHANUM (Schrad.).
Sur des ceps de vigne aux Filles-Dieu! Berchères-l'E-
vêque! etc. — Printemps.

ORTHOTRICHUM LYELLII (Hook.).
AC sur le tronc des arbres aux Grands-Prés et au bois des
Grès! mais stérile.

ENCALYPTA (Schreb.),

ENCALYPTA VULGARIS (Hedw.).
Assez commun sur les vieux murs de terre et de chaume.
Hiver, printemps.
Luisant! Saint-Jean! Lèves! Ver-lès-Chartres! La Mihoue!
Dreux! Châteaudun! etc.

PHYSCOMITRIUM (Brid.).

PHYSCOMITRIUM PYRIFORME (Brid.). — *Gymnostomum pyriforme* (Hedw., Chev., Mér.).

Sur la terre, dans les prairies.

Fontaine-Bouillant! Josaphat! Moulin le Comte! etc. — Assez commun au printemps.

ENTOSTHODON (Schw.).

ENTOSTHODON FASCICULARE (Schimp.). — *Gymnostomum fascicu- lare* (Hedw., Chev., Mér.).

Sur la terre, dans les bois, à Luisant! — Printemps.

FUNARIA (Schreb.).

FUNARIA HYGROMETRICA (Hedw.).

Très-commun sur la terre, dans les bois, les prés et sur les vieux murs. — Printemps.

WEBERA (Hedw.)

WEBERA NUTANS (Hedw.). — *Bryum nutans* (Schreb., Mér.).

Sur la terre, dans les bois, à Luisant! et Seresville!

BRYUM (Br. eur.).

BRYUM INCLINATUM (Br. eur.).

Un seul échantillon récolté à Seresville, parmi le *Campylopus flexuosus!* — Printemps.

BRYUM ERYTHROCARPUM (Schw.).

Sur les pierres, au pont d'Orléans à Chartres! et au moulin de la Barre-des-Prés! — Été.

BRYUM ATRO-PURPUREUM (Web. et Mohr.).

Sur les pierres et les murs, à Luisant, près Chartres! — Faverolles! — Châteaudun!

BRYUM CESPITITIUM (Linn.).

Commun sur les vieux murs. — Printemps.

BRYUM ARGENTEUM (Linn.).

Très-commun sur les pierres, les parapets et les murs.
Hiver, automne.

BRYUM CAPILLARE (Dillen.).

Troncs des arbres, vieilles souches, vieux murs.
Luisant! Lèves! Barjouville! Jouy! Saint-Prest! Châteaudun, etc. — Printemps.

BRYUM PSEUDO-TRIQUETRUM (Schw.).

Marais tourbeux.
Etang de Guipéreux! parmi les *sphagnum*.

MNIUM (Linn.).

MNIUM CUSPIDATUM (Hedw.). — *Bryum cuspidatum* (Schreb., Mér.).

Sur la terre, dans les bois humides, à Barjouville!
Fin de l'hiver.

MNIUM UNDULATUM (Dillen.). — *Bryum ligulatum* (Schreb., Mér.).

Sur la terre, dans les bois ombragés, humides. — Printemps.
Lèves! Luisant! Barjouville! etc.

MNIUM ROSTRATUM (Schw.).

Pied des vieux murs à Longsault! et dans la vallée de Luisant! — Été.

MNIUM HORNUM (Dillen.). — *Bryum hornum* (Schreb., Mér.).

Sur la terre, dans le bois des Grès et à Barjouville!
Fructifie rarement. — Été.

AULACOMNIUM (Schw.).

AULACOMNIUM ANDROGYNUM (Schw.). — *Gymnocephalus androgynus* (Chev.). — *Bryum androgynum* (Mér.).

Sur la terre, dans les bois sablonneux.
Bois des Grès! Lèves! Fontaine-Bouillant! Épernon! Moléans!
N'a pas encore été rencontré en fructification!

AULACOMNIUM PALUSTRE (Schw.). — *Mnium palustre* (Hedw.,
Chev.). — *Bryum palustre* (Sw., Mér.).

Marais tourbeux à *sphagnum*.
Étang de Tardais! — marais des Évées! — étang de Guipéreux! — Été.

BARTRAMIA (Hedw.).

BARTRAMIA POMIFORMIS (Hedw.).

Sur la terre, dans les bois sablonneux.
Luisant! les Cinq-Croix! Lèves! Épernon! Châteaudun! etc.
Printemps.

ATRICHUM (P. de Beauv.).

ATRICHUM UNDULATUM (P. de Beauv.). — *Oligotrichum undulatum* (DC., Chev.). — *Polytrichum undulatum* (Hedw., Mér.).
— *Catharinea undulata* (Brid.).

Commun sur la terre, dans les bois, au pied des arbres.
Automne, hiver.

β *Minus*. — Bois de Longsault!

POGONATUM (P. de Beauv.).

POGONATUM NANUM (P. de Beauv.). — *Polytrichum nanum* (Hedw., Chev., Mér.).

Commun sur la terre, dans les bois secs, les murgers et sur les talus des chemins pierreux. — Hiver.

β *Longisetum*. — Bois de Chavannes !

POLYTRICHUM (Br. eur.).

POLYTRICHUM FORMOSUM (Hedw.). — *P. commune* (Mér.?).

Très-commun sur la terre, dans les bois et les forêts, au pied des arbres. — Printemps.

POLYTRICHUM PILIFERUM (Schreb.).

Sur la terre, dans les bois secs, à Luisant ! Lèves ! etc. — Sur les vieux murs, à Seresville ! Barjouville ! etc.
Printemps, hiver.

POLYTRICHUM JUNIPERINUM (Hedw.).

Sur la terre, dans les bois secs, à Oisème ! Faverolles ! Luisant ! Lèves ! etc. — Printemps.

POLYTRICHUM COMMUNE (Linn.). — *P. formosum* (Mér.?).

Bruyères tourbeuses, marais à *sphagnum*.
Tardais, près Senonches, à la queue de l'étang ! — Été.

BUXBAUMIA (Hall.).

BUXBAUMIA APHYLLA (Hall.).

Sur la terre, dans les bois montueux, talus sablonneux.
Bois de la Diane à Epernon ! — Bois des Gâts à Châteaudun !
Hiver.

FONTINALIS (Dill.)

FONTINALIS ANTIPYRETICA (Linn.).

Commun dans les fontaines à Luisant ! Morancez ! Oisème ! — Pierres inondées dans la rivière, au Moulin le Comte et à Barjouville !

L'individu mâle de cette espèce a seul été rencontré jusqu'à présent !

CRYPHÆA (Br. eur.).

CRYPHÆA HETEROMALLA (Brid.). — *Neckera heteromalla* (Chev.): *Daltonia heteromalla* (Mér.).

Sur le tronc des peupliers, dans les prés, à Tachainville ! Printemps.

NECKERA (Hedw.).

NECKERA CRISPA (Hedw.).

Rochers humides, dans le bois des Gâts à Châteaudun ! en fructification. — Printemps.

NECKERA COMPLANATA (Br. eur.). — *Leskea complanata* (Chev.): — *Hypnum complanatum* (Mér.).

Bois de Villemore, près Châteaudun ! — Printemps.

HOMALEA (Br. eur.).

HOMALEA TRICHOMANOÏDES (Br. eur.). — *Leskea trichomanoïdes* (Mér.).

Assez commun, dans les bois, sur le tronc des arbres, à Luisant ! Longsault ! Lèves ! etc. — Printemps.

LEUCODON (Schw.).

LEUCODON SCIUROIDES (Schw.).

Commun sur le tronc des arbres, à Seresville! Longsault, etc., mais toujours stérile.

ANTITRICHIA (Brid.).

ANTITRICHIA CURTIPENDULA (Brid.). — *Neckera curtipendula* (Hedw., Chev., Mér.).

Terrains pierreux, murgers.
Fontaine-Bouillant! Jouy-sur-Eure! — Printemps.

LESKEA (Hedw.).

LESKEA POLYCARPA (Hedw.). — *Hypnum medium* (Dicks., Mér.).

Troncs des arbres, dans les bois humides et les prairies.
Barjouville! Pont-Tranchefétu! — Printemps.

β *Paludosa.* — Troncs des arbres, à Barjouville!

ANOMODON (Br. eur.).

ANOMODON VITICULOSUS (Hook. et Tayl.). — *Neckera viticulosa* (Hedw., Chev., Mér.).

Troncs des arbres, dans les bois humides, à Josaphat! La Miboue! Barjouville! Châteaudun! — Hiver.

THUIDIUM (Schimp.).

THUIDIUM TAMARISCINUM (Br. eur.). — *Hypnum tamariscinum* (Hedw., Chev.); — *H. proliferum* (Mér.).

Sur la terre, dans les bois.
Lèves! Luisant! Seresville! Chavannes! Longsault! Le Coudray! Châteaudun! — AR en fructification.

THUIDIUM ABIETINUM (Br. eur.). — *Hypnum abietinum* (Linn., Chev., Mér.).

Carrières de Berchères-l'Évêque! (stérile.) — Printemps.

PTEROGONIUM (Swartz).

PTEROGONIUM GRACILE (Sw.). — *Pterigynandrum gracile* (Hedw.,
Mér.).

Bois sablonneux.
Bois des Grès, près Chartres! — bois de la Diane à Epernon!
Printemps.

CLIMACIUM (Web. et Mohr.).

CLIMACIUM DENDROIDES (Web. et Mohr.). — *Hypnum dendroides*
(Linn., Mér.).

Mares desséchées, prairies spongieuses.
Bois du Coudray! — Epernon! Raizeux! (stérile).

ISOTHECIUM (Br. eur.).

ISOTHECIUM MYURUM (Br. eur.). — *Hypnum curvatum* (Sw.,
Chev.). — *H. myurum* (Brid., Mér.).

Assez commun dans les bois ombragés.
Vallée de Luisant! Oisème! Chavannes! — Printemps.

OMALOTHECIUM (Br. eur.).

OMALOTHECIUM SERICEUM (Br. eur.). — *Leskea sericea* (Chev.); —
Hypnum sericeum (Mér.).

Très-commun sur les toits de chaume, les murs et les troncs
d'arbres. — Printemps.

BRACHYTHECIUM (Schimp.).

BRACHYTECIUM ALBICANS (Br. eur.). — *Hypnum albicans* (Neck.,
Chev., Mér.).

Terrains secs et bords des chemins, à Barjouville! (stérile).

Brachytecium velutinum (Br. eur.). — *Hypnum velutinum* (Linn., Chev., Mér.).

Troncs des arbres, dans les bois. — Hiver, printemps.

Brachytecium rutabulum (Br. eur.).

Abondant sur les toits de chaume. — Printemps.

Brachytecium populeum (Br. eur.). — *Hypnum populeum* (Hedw., Chev., Mér.).

Sur les arbres, les pierres et les murs. — Printemps.

EURYNCHIUM (Scmip.).

Eurynchium striatum (Br. eur.). — *Hypnum striatum* (Ehrh., Chev., Mér.).

Commun sur le tronc des arbres, dans les bois humides. Printemps.

Eurynchium prælongum (Br. eur.). — *Hypnum prælongum* (Linn., Chev., Mér.).

Sur la terre, dans les bois, les haies, au pied des murs humides. — Printemps.

Eurynchium Stokesii (Br. eur.). — *Hypnum prælongum* var. (Mér.).

Pied des arbres, dans les bois humides, à Josaphat! Oisème! Epernon! — Automne, printemps.

RHYNCOSTEGIUM (Schimp.).

Rhyncostegium tenellum (Br. eur.). — *Hypnum tenellum* (Dicks., Mér.).

Pied des murs, aux Filles-Dieu! et sur les talus de la Butte des Charbonniers à Chartres! — Printemps.

Rhyncostegium Teesdalii (Br. eur.).

Fontaine du jardin botanique à Chartres! — ravin des bois de Barjouville! — Printemps.

RHYNCOSTEGIUM CONFERTUM (Br. eur.).

Sur les pierres, dans les bois humides, à Fontaine-Bouillant ! au pied des arbres, dans les bois de Longsault ! — Printemps.

RHYNCOSTEGIUM MURALE (Br. eur.). — *Hypnum murale* (Hedw., Chev., Mér.).

Murs humides du déversoir de la rivière, au moulin de Longsault ! — Printemps.

RHYNCOSTEGIUM RUSCIFORME (Br. eur.). — *Hypnum rusciforme* (Weis., Chev., Mér.).

Déversoir de la rivière dans les Petits-Prés à Chartres ! fontaines du Jardin Botanique de la Société d'Horticulture ! vieux puits à Ver-lés-Chartres ! à Barjouville ! fontaines de Luisant ! — Eté et automne.

THAMNIUM (Schimp.).

THAMNIUM ALOPECURUM (Br. eur.). — *Hypnum alopecurum* (Linn., Chev., Mér.).

Assez commun dans les haies, les puits ombragés et les bois humides. — Printemps.

PLAGIOTHECIUM (Schimp.).

PLAGIOTHECIUM SILESIACUM (Br. eur.). — *Hypnum silesiacum* (Schw., Chev.); — *H. repens* (Poll., Mér.).

Sur les vieux troncs d'arbres, dans les bois humides, à Houdouenne, près Ver-lés-Chartres !

AMBLYSTEGIUM (Schimp.).

AMBLYSTEGIUM SERPENS (Br. eur.). — *Hypnum serpens* (Hedw., Chev., Mér.).

Très-commun au pied des murs humides, sur les pierres et les troncs d'arbres. — Printemps.

Amblystegium irriguum (Br. eur.). — *Hypnum fluviatile* (Linn.).

Déversoir du moulin Le Comte, près Chartres! — Printemps.

Amblystegium riparium (Br. eur.). — *Hypnum riparium* (Linn., Chev., Mér.).

Bords des rivières et des ruisseaux, parois des fontaines. Printemps.

HYPNUM (Dill.).

Hypnum fluitans (Linn.).

Mares desséchées, dans le bois des Grés! et à Seresville! — (stérile).

Hypnum stramineum (Dicks.).

Marais tourbeux, parmi les *sphagnum*.
Étang de Tardais, près Senonches! — (stérile).

Hypnum filicinum (Linn.).

Fontaines de Luisant! — bords de la riviére à Morancez! (stérile).

Hypnum rugosum (Ehrh.).

Endroits pierreux des bois de Chavannes et de Lèves! — (stérile).

Hypnum cupressiforme (Linn.).

Très-commun sur le tronc des arbres et les pierres.

ε *Filiforme.* — Sur les rochers, dans le bois des Grès!

Hypnum molluscum (Hedw.).

Sur la terre, dans les lieux secs, à Oisème! Béville-le-Comte! Berchères-l'Évêque! — (stérile).

Hypnum cuspidatum (Linn.).

Assez commun dans les lieux humides, sur le bord des fossés, des mares et des étangs. — Été.

Hypnum Schreberi (Willd.). — *H. Muticum* (Swartz., Chev.).

Côte des bois secs, à Saint-Prest! — Printemps.

Hypnum purum (Linn.).

Commun dans les lieux herbeux des bois. — Rare en fructification. — Printemps.

Hypnum scorpioïdes (Dill.).

Marais tourbeux à *sphagnum*.
Étangs de Tardais! et de Guipéreux! — (stérile).

HYLOCOMIUM (Schimp.).

Hylocomium splendens (Br. eur.). — *Hypnum splendens* (Hedw., Chev., Mér.).

Très-commun sur la terre, dans les bois.—Rare en fructification. Printemps.

Hylocomium squarrosum (Br. eur.). — *Hypnum squarrosum* (Linn., Chev., Mér.).

Bords des bois, dans la vallée de Chavannes! — (stérile).

Hylocomium triquetrum (Br. eur.). — *Hypnum triquetrum* (Linn., Chev., Mér.).

Abondant sur la terre, dans les bois secs.

SPHAGNUM (Dill.).

Sphagnum cymbifolium (Ehrh.). — *S. latifolium* (Chev.); — *S. obtusifolium* (Mér.).

Marais tourbeux. — Juin, août.

Arrond. de Dreux : étang de Tardais! — marais des Évées, près Senonches!
Étang de Guipéreux! sur les limites d'Eure-et-Loir.

 β *Congestum.* — *S. compactum* (Brid.); *S. obtusifolium* (Chev.); *S. obtusifolium* (Ehrh.). Var. β *Minus* (Mér.).

  Marais des Evées à Senonches!

SPHAGNUM CUSPIDATUM (Ehrh.).

Marais tourbeux. — Juin, août.

Arrond. de Dreux : étang de Tardais !

SPHAGNUM ACUTIFOLIUM (Ehrh.). — *S. capillifolium* (Hedw.).

Marais tourbeux. — Juin, août.

Arrond. de Dreux : étang de Tardais ! — marais des Évées à Senonches !

Étang de Guipéreux ! sur les limites d'Eure-et-Loir.

FAMILLE DES HÉPATIQUES (1).

PLAGIOCHILA (Ekart).

PLAGIOCHILA ASPLENIOIDES (Ekart). — *Jungermannia asplenioides* (Linn.).

Sur la terre, dans les bois, parmi les mousses, talus des chemins creux ombragés.

JUNGERMANNIA (Linn.).

JUNGERMANNIA ALBICANS (Linn.).

Berges des fossés, dans les bois humides.

JUNGERMANNIA BICRENATA (Schmid.).

Berges des fossés et des chemins creux.

JUNGERMANNIA BYSSACEA (Roth.). — *J. divaricata* (Sowerb.).

Sur la terre et au pied des arbres, dans les bois humides.

(1) J'ai suivi pour cette famille le *Synopsis Jungermanniarum, auctore* Ekart, M D CCC XXX II.

JUNGERMANNIA BICUSPIDATA (Linn.).

Sur la terre, dans les bois, les lieux ombragés humides, le long des fossés et sur les berges des chemins creux.

JUGERMANNIA CONNIVENS (Dicks.).

Sur la terre, dans les bois ombragés très-humides.
Châteaudun, à la Sablonnière! (L. Vuez). — Février.

SPHAGNÆCETIS (Nees).

SPHAGNÆCETIS COMMUNIS (Nees). — *Jungermannia sphagni* (Dicks.).

Dans les marais tourbeux, parmi les *sphagnum*.
Étangs de Tardais! et de Guipéreux! — (stérile).

LOPHOCOLEA (Nees).

LOPHOCOLEA BIDENTATA (Nees). — *Jungermannia bidentata* (Linn.).

Commun le long des berges des fossés et des chemins dans les bois humides. — Février.

CHEILOSCYPHUS (Corda).

CHEILOSCYPHUS POLYANTHOS (Corda). — *Jungermannia polyanthos* (Linn.).

Sur la terre et les troncs d'arbres, dans les bois humides.

LEPIDOZIA (Nees).

LEPIDOZIA REPTANS (Nees). — *Jungermannia reptans* (Linn.).

Sur la terre, parmi les mousses, sur les berges des fossés dans les bois.

FRULLANIA (Ekart).

FRULLANIA DILATATA (Ekart). — *Jungermannia dilatata* (Linn.); — *J. tamariscifolia* (Web. et Mohr.).

Commun sur les rochers et sur le tronc des arbres, particulièrement des chênes et des hêtres.

FOSSOMBRONIA (Ekart).

FOSSOMBRONIA PUSILLA (Ekart). — *Jungermannia pusilla* (Linn.).

Sur la terre, parmi les mousses, au pied des arbres, dans les bois ombragés humides.

RADULA (Nees).

RADULA COMPLANATA (Nees). — *Jungermannia complanata* (Linn.).

Sur les troncs d'arbres, dans les bois de Saint-Martin, près Châteaudun! (L. Vuez).

MADOTHECA (Dumort).

MADOTHECA PLATYPHYLLA (Dumort) — *Jungermannia platyphylla* (Linn.).

Sur les rochers ombragés, dans le bois des Gâts, près Châteaudun! (L. Vuez). — Février.

MARCHANTIA (Linn.).

MARCHANTIA POLYMORPHA (Linn.).

Sur la terre, dans les cours abandonnées humides, le long des parois et sur les margelles des puits.

II.

CELLULAIRES AMPHIGÈNES.

FAMILLE DES LICHENS (1).

COLLEMA (Achar.) (2).

COLLEMA PULPOSUM (Achar., Nyl.).

Sur la terre, parmi les mousses.

COLLEMA NIGRESCENS (Achar., lich. eur., p. 646.). — *C. nigrescens* α *vespertilio* (Schœr. énum.).

Sur les vieux arbres, surtout les peupliers.

COLLEMA ATRO-CÆRULEUM (Schœr. énum. 248). — *Leptogium lacerum* (Fries, scan. 293).

Sur la terre des rochers, à Châteaudun! (L. Vuez, n° 104).

(1) Le travail sur cette famille est dû en grande partie à M. Richard, qui a bien voulu me communiquer les résultats de ses découvertes aux environs de Chartres. C'est une bonne fortune dont je suis heureux de pouvoir lui exprimer ici toute ma reconnaissance.

Je ne me dissimule pas combien est encore incomplète cette liste, à laquelle, cependant, j'ai pu ajouter les quelques espèces récoltées aux environs de Châteaudun et que je dois à l'obligeance de M. L. Vuez. Car le champ est vaste.... Les environs de Dreux et de Nogent-le-Rotrou n'ont pas encore été explorés! Mais l'impulsion est donnée, et j'espère qu'à l'exemple de MM. Richard et L. Vuez, d'autres botanistes appliqueront leur zèle et leur activité à faire une étude sérieuse de ces végétaux si intéressants et d'une préparation si facile.

(2) La classification suivie est celle de M. Nylander unie à celle du bernois Schœrer, dont l'illustre auteur du *Synopsis Lichenum omnium*, etc., adopte presque toujours la synonymie.

Collema furvum (Achar., syn. 323).

Sur la terre des rochers, à Châteaudun! (L. Vuez, n° 105).

Collema pulvinatum (Hoffm., fl. germ., 2, 104). — *C. lacerum*
β *pulvinatum* (Achar., syn. 327).

Sur la terre des rochers, à Châteaudun! (L. Vuez, n° 106).

LEPTOGIUM (Fries).

Leptogium palmatum (Nyl., Schœr.).

Sur la terre, parmi les mousses, à Seresville!

CALICIUM (Achar.).

Calicium trachelinum (Achar., lich. univ. 237).

Sur le bois, dans le creux des vieux saules, à Luisant! et aux
environs de Châteaudun! (L. Vuez, n° 113).

Calicium pusillum (Nyl., Schœr.).

Sur les vieux chênes et les vieilles barrières aux Filles-Dieu,
près Chartres!

Calicium claviculare (Achar, syn. 57). — *C. salicinum* (Pers.).
— *C. clavellum* (D. C., fl. fr., 2, 344).

Sur les vieux bois, aux environs de Châteaudun! (L. Vuez,
n° 114).

TRACHYLIA (Fries).

Trachylia stigonella (Fries, Nyl.)

Parasite sur le *Pertusaria communis*, à Saint-Prest!

CONIOCYBE (Achar.).

Coniocybe furfuracea (Achar., Nyl.).

Sur de vieilles racines de noisetiers, dans les bois de Chavannes, près Chartres!

Coniocybe pallida (Fries).

Bords des fossés au Gord, près Chartres!

BÆOMYCES (Pers.).

Bæomyces rufus (Achar.) — D. C., fl. fr., 2, 342. — *B. rupestris* (Pers.).

Sur la terre argileuse des fossés, dans les bois, à Lèves, près Chartres! et à Châteaudun! (L. Vuez, nº 115).

Bæomyces roseus (Schœr., Nyl., Pers). — *B. ericetorum* (D. C., fl. fr., 2, 342).

Sur la terre, dans les chemins creux des bois, à Chavannes, près Chartres! et à Châteaudun! (L. Vuez, nº 116).

CLADONIA (Hoffm.).

Cladonia endiviæfolia (Fries).

Collines crayeuses des bords du Loir, au Croc-Marbot, près Châteaudun! (L. Vuez).

Cladonia pyxidata (Fries, Nyl.).

Sur la terre des vieux murs.

β *Pityrea.* (Nyl.) ⎱
γ *Carnosa.* (Nyl.) ⎰ Mêlés avec le type.

Cladonia fimbriata (Nyl. syn.).

Sur la terre, dans les bois, parmi les mousses.

β *Radiata.* (Nyl.). — Mêlé avec le type.

Cladonia cervicornis (Nyl. syn.).

Sur la terre pierreuse.

Cladonia squammosa (Hoffm., Schœr.).

Sur la terre, dans les bois, parmi les mousses.

CLADONIA COESPITITIA (Nyl. syn.).

Sur la terre, dans les bruyères, à Lèves !

CLADONIA FURCATA (Hoff., Schœr.).

Sur la terre, dans les bois.

β *Pungens.*
γ *Corymbosa.* } Mêlés avec le type.

CLADONIA RANGIFERINA (Schœr.).

β *Sylvatica.* — Sur la terre, dans les bois de Seresville !

CLADONIA MACILENTA (Hoffm.).

Sur la terre, parmi les mousses, à Lèves !

CLADONIA VERTICILLATA (Nyl. syn.).

Sur la terre, dans les bois, parmi les mousses.

CLADONIA CORNUCOPIOÏDES (Nyl. syn.).

Sur la terre, dans les bois, parmi les mousses.

CLADONIA PAPILLOSA (Nyl. syn.).

Sur la terre, dans les bruyères. à Chavannes !

CLADONIA GRACILIS (Nyl., Schœr.).

Sur la terre, dans les bois, parmi les mousses, aux environs de Châteaudun ! (L. Vuez, nᵒ 256).

USNEA (Hoffm.).

USNEA BARBATA (Fries, Schœr., Nyl.).

Sur le tronc des arbres, surtout des pommiers.

EVERNIA (Achar.).

EVERNIA PRUNASTRI (Achar. syn. 245). — *Physcia prunastri* (D. C., fl. fr., 2, 397).

Commun sur les troncs d'arbres. — Non fructifié.

CORNICULARIA (Achar.).

CORNICULARIA ACULEATA (Achar. méth. 302).

Gazons des terrains sablonneux, bruyères, aux environs de Châteaudun ! (L. Vuez, n° 102 *bis*).

RAMALINA (Achar.).

RAMALINA CALICARIS (Fries, Nyl.).

Sur le tronc des arbres, dans les Grands-Prés à Chartres !

β *Fastigiata*. (Fries). — Sur les arbres de la route d'Illiers, près Chartres !

γ *Farinacea* (Nyl. syn.). — Sur une vieille porte de la ferme des Granges, près Chartres !

RAMALINA FRAXINEA (Achar. syn. 296). — *Physcia fraxinea* (D. C., fl. fr., 2, 398).

Sur le tronc des tilleuls, à Châteaudun ! (L. Vuez, n° 103 *bis*).

PELTIGERA (Hoffm.).

PELTIGERA CANINA (Hoffm., Schœr.).

Sur la terre, dans les bois, parmi les mousses.

PELTIGERA MALACEA (Nyl. syn.).

Bords des fossés dans les bois du Coudray, près Chartres !

PELTIGERA POLYDACTYLA (Hoffm.)

Sur la terre, dans les bois, parmi les mousses, à Scresville ! et à Châteaudun ! (L. Vuez, n° 216).

PELTIGERA HORIZONTALIS (Hoffm.).

Sur la terre, dans les bois, parmi les mousses, aux environs de Châteaudun ! (L. Vuez, n° 253).

PARMELIA (Achar.).

PARMELIA CAPERATA (Achar., Fries).
Sur le tronc des arbres.

PARMELIA PHYSODES (Achar., Fries, Nyl.).
Sur les peupliers, à Saint-Prest !

PARMELIA CERATOPHYLLA (Nyl. syn.).
Sur les peupliers, à Saint-Prest!

PARMELIA OLIVACEA (Achar., Schœr.).
Sur les chênes, dans les bois de Chavannes !

PARMELIA PERLATA (Achar., Schœr.).
Sur le tronc des arbres.

PARMELIA ACETABULUM (Schœr., Nyl.) Duby bot. gall., p. 601.
— *Imbricaria acetabulum* (D. C., fl. fr., 2, p. 392).
Sur le tronc des arbres, surtout les pommiers.

PARMELIA SAXATILIS (Achar.).
Sur les rochers, à Châteaudun ! (L. Vuez, n° 215).

PHYSCIA (Nyl. syn.).

PHYSCIA PARIETINA (Nyl. syn.).
Sur les murs et les troncs d'arbres.
β *Polycarpa*. — Sur les arbres.

PHYSCIA CANDELARIA (Nyl. syn.).
Sur les arbres et les pierres.

PHYSCIA CILIARIS (Schœr., Nyl.) D. C., fl. fr., 2, 396. — *Borrera ciliaris* (Achar. syn. 221).
Sur le tronc des arbres.

Physcia stellaris (Nyl. syn.).

Sur le tronc des arbres.

β *Tenella.* (Nyl.). — *Borrera tenella* (Achar. syn. 221). — Mêlé avec le type, à Châteaudun! (L. Vuez, n° 109.).

Physcia obscura (Nyl. syn.).

Sur le tronc des arbres.

Physcia venusta (Nyl. syn.).

Sur le tronc des arbres.

Physcia pulverulenta (Nyl. syn.).

Sur les arbres de la butte des Charbonniers à Chartres!

UMBILICARIA (Hoffm.).

Umbilicaria pustulata (Nyl. syn.)

Sur les rochers de grès, à Épernon!

SQUAMMARIA (D. C.).

Squammaria saxicola (Nyl. syn.).

Sur les pierres, dans le bois des Grès, près Chartres!

Squammaria aleurites (Nyl. syn.).

Sur les pierres, au Coudray!

PANNARIA (Del.).

Pannaria triptophylla (Nyl. prod., p. 67).

Sur les arbres, à Luisant!

β *Nigra.* — Sur les rochers, à Châteaudun! (L. Vuez, n° 202).

Pannaria nebulosa (Nyl. prod. 114). — *Lecanora brunnea* (D. C., fl. fr., 2, p. 350) non Achar. syn. 193.

Sur la terre, aux bords des fossés, sur la route de Luisant, près Chartres. — Talus des chemins, dans le bois de Villemore, près Châteaudun ! (L. Vuez, n° 111).

PLACODIUM (D. C.).

PLACODIUM MURORUM (D. C., Nyl.).

Sur les vieux mortiers.

PLACODIUM CANDICANS (Nyl. syn.)

Sur les pierres calcaires des vieilles églises.

PLACODIUM COLLOSPINUM (Nyl. syn.).

Sur les pierres calcaires des vieilles églises.

PLACODIUM OBLITERATUM (Nyl. syn.).

Sur les pierres calcaires des vieilles églises.

β *Saxicola*. — Sur les pierres calcaires.

LECANORA (Achar.).

LECANORA CERINA (Achar.).

Sur l'écorce des arbres, surtout des jeunes peupliers.

β *Hæmatites* (Nyl. syn.). — Mêlé avec le type.

LECANORA FERRUGINEA (Nyl. syn., p. 76).

Sur les cerisiers sauvages, dans les bois de Chavannes, près Chartres ! — Sur les chênes, aux environs de Châteaudun ! (L. Vuez, n° 205).

LECANORA PHLOGINA (Nyl. syn.).

β *Argilliseda*. — Sur les vieux murs.

LECANORA SUBFUSCA (Achar., Schœr.).

Sur le tronc des arbres.

β *Albella* (Nyl. syn.). — *L. pallida et albella* (Schœr.).
Sur les chênes, à Châteaudun ! (L. Vuez, n° 206).

γ *Angulosa* (Nyl. syn.). — Sur le tronc des arbres.

ε *Muralis* (Nyl. syn.). — Sur les vieux murs de terre.

LECANORA VARIA (Achar.).

Sur de vieilles portes et de vieilles barrières.

LECANORA ATROCARPA (Nyl. syn.).

Sur le tronc des arbres, dans les bois de Longsault!

URCEOLARIA (Achar.).

URCEOLARIA SCRUPOSA (Achar.).

Sur les vieux murs, à Josaphat! Luisant! et Châteaudun! (L. Vucz, no 207).

ε *Cretacea* (Schœr.). — Sur de vieux murs, aux Récollets, près Châteaudun! (L. Vuez, no 208).

URCEOLARIA CALCAREA (Nyl. syn.).

β *Multipunctata.* — Sur de vieilles pierres calcaires, au Coudray!

PERTUSARIA (D. C.).

PERTUSARIA COMMUNIS (D. C., Schœr., Nyl.).

Sur le tronc des arbres.

β *Sorediata.* — Sur les peupliers, à Longsault, près Chartres!

PERTUSARIA WULFENII (D. C., Nyl.).

β *Variolosa.* — Tronc d'un frêne, aux Filles-Dieu, près Chartres!

LECIDEA (Achar.).

LECIDEA VERNALIS (Nyl. syn.). — *L. sphæroides* (Schœr.).

Sur la terre sablonneuse, aux bords des fossés, aux environs de Châteaudun (L. Vuez, no 249).

β *Muscorum* (Achar.). — Sur les mousses des vieux murs calcaires, aux environs de Chartres!

LECIDEA ULIGINOSA (Achar. méth. 45).

Sur la terre, dans les bois humides, à Barjouville! — Dans les bruyères, au bois du Chapitre, près Châteaudun! (L. Vuez, nº 110).

LECIDEA CANESCENS (Achar.).

Sur les vieux murs et les vieilles barrières.

LECIDEA PARASEMA (Achar.).

Sur le tronc des arbres.

LECIDEA ALBO-ATRA (Nyl. syn.).

Sur les pierres siliceuses.

LECIDEA PETRÆA (Nyl. syn.).

Sur les pierres siliceuses.

LECIDEA ALBO-CÆRULESCENS (Nyl. syn.).

Sur les pierres, à Beaulieu, près Chartres!

LECIDEA CONTIGUA (Fries, Achar.).

Sur les pierres.

LECIDEA DISCIFORMIS (Nyl. syn.). — *L. Parasema*, var. *disciformis* (Fries).

Sur le tronc des arbres, surtout des chênes.

LECIDEA GROSSA (Nyl. syn.).

Sur le tronc des arbres.

LECIDEA CALCIVORA (Nyl. syn.).

Sur les pierres calcaires.

LECIDEA SANGUINEO-ATRA (Nyl. syn.).

Sur les murs de terre, à Lucé, près Chartres!

Lecidea myriocarpa (Nyl. prod. 141). — *L. myriocarpa* et *punctiformis* (D. C., fl. fr., 2, p. 346). — *L. punctata* (Moug. 841).

Sur l'écorce des pins, à Thoreau, près Châteaudun! (L. Vuez, n° 211).

GRAPHIS (Achar.)

Graphis scripta (Achar.).

Sur l'écorce des arbres.

β *Serpentina* (Nyl.). — Sur l'écorce des chênes.

γ *Recta* (Hepp., fl. Eur. — *Gr. scripta*, var. *cerasi* (Achar., p. 83). — *Opegrapha cerasi* (D. C., fl. fr., 2, p. 310, — *non* Chevall., fl. par.).

Sur le tronc des merisiers, dans les bois, aux environs de Châteaudun (L. Vuez, n° 112).

OPEGRAPHA (Achar.).

Opegrapha vulgata (Achar.).

β *Siderella*. — Sur l'écorce des arbres.

Opegrapha atra (D. C., fl. fr.).

Sur les vieux saules.

Opegrapha varia (Schœr.).

Sur l'écorce des arbres.

ARTHONIA (Achar.).

Arthonia cinnabarina (Nyl. syn.).

Sur l'écorce des sycomores.

Arthonia galactites (Nyl. syn., L. Duf.).

Sur l'écorce des jeunes peupliers.

Arthonia astroidea (Achar.).

Sur l'écorce des jeunes peupliers.

VERRUCARIA (Pers.).

VERRUCARIA NIGRESCENS (Fries).
Sur les vieux murs calcaires.
β *Macrostoma*. — Avec le type.

VERRUCARIA BIFORMIS (Nyl. syn.).
Sur l'écorce des arbres, à Luisant, près Chartres !

VERRUCARIA DUFOUREI (Nyl. syn.).
Sur des pierres, à Beaulieu , près Chartres !

VERRUCARIA RUPESTRIS (Schrad., D. C., Fries).
Sur les pierres.

VERRUCARIA NITIDA (Achar., Nyl. syn.).
Sur les arbres.

VERRUCARIA OXYSPORA (Nyl. syn.).
Sur l'écorce des bouleaux.

VERRUCARIA EPIDERMIDIS (Nyl. syn.).
Sur l'écorce des bouleaux.

FAMILLE DES CHAMPIGNONS (1).

* MUCÉDINÉES.

HIMANTHIA (Pers.).

HIMANTHIA CELLARIS (Pers.).
Sur les planches, dans les caves.

(1) Ce travail sur les Champignons est en majeure partie l'œuvre de M. L. Vuez, qui a bien voulu me communiquer toutes les espèces citées. Je suis heureux de lui transmettre ici l'expression de ma vive reconnaissance.

OIDIUM (Fries).

OIDIUM CHARTARUM (Linck.).

Sur le papier humide.

OIDIUM LEUCONIUM (Desmaz. exsicc., éd. 1, n° 303).

Sur les deux faces des feuilles des églantiers.

OIDIUM TUCKERI (Lindl.).

Sur les vignes malades.

OIDIUM CRYSTALLINUM (Lév.).

Sur le *Sonchus oleraceus!* — Sur l'*ortie?*

OIDIUM ERYSIPHOIDES (Fries).

Sur le *Trifolium incarnatum!* — Sur le *Geranium rotundifolium?*

CHÆTOMIUM (Kunze).

CHÆTOMIUM ELATUM (Kunze, exs., n° 184). — *Conoplea cylindrica* (Pers. syn. 235).

Sur des roseaux secs, au Croc-Marbot, près Châteaudun !
Mai 1865.

ARTHRINIUM (Kunz. et Schm. Myc. I, p. 9).

ARTHRINIUM PUCCINIOIDES (Kunz., *loc. cit.*). — *Conoplea puccinioides* (D. C., fl. fr., 2, 73).

Sur les feuilles mortes des *Carex*.

FUSISPORIUM (Linck.).

FUSISPORIUM . . . . . . (espèce indéterminée).

Sur les feuilles de l'orme, au bois Saint-Martin, près Châteaudun ! — Juillet 1865.

BOTRYTIS (Pers.).

BOTRYTIS EFFUSA (Grev. ann. sc. nat. 1837, pl. 1, fig. 1).

Sur les feuilles vivantes des *Lamium amplexicaule*, *Angelica sylvestris*, *Vicia tetrasperma* et des *graminées*.

BOTRYTIS PARASITICA (Pers.).

Sur le *Capsella bursa-pastoris*, en commun avec l'*Uredo candida*.

BOTRYTIS UMBELLATA (D. C., fl. fr.).

Sur les confitures.

PENICILLIUM (Linck.).

PENICILLIUM GLAUCUM (Linck.).

Commun sur les matières végétales putréfiées.

ASPERGILLUS (Linck.).

ASPERGILLUS GLAUCUS (Linck.).

Sur les matières végétales qui se pourrissent.

ASPERGILLUS CANDIDUS (Linck.).

Sur les plantes sèches humides.

MUCOR (Pers.).

MUCOR MUCEDO (Bolt.).

Sur les matières végétales en putréfaction.

MUCOR CANINUS (Pers.).

Sur les excréments des chiens.

ERINEUM (Pers.).

ERINEUM ACERINUM (Pers. tent. disp. 48).

Sur les feuilles des érables.

ERINEUM VITIS(D. C., fl. fr., 2, p. 74).

Sous les feuilles de vigne.

ERINEUM PLATANOIDEUM (Fries).

Sur l'*Acer pseudo-platanus*.

ERINEUM ALNEUM (Pers. syn. fung. 73). — *Mucor ferrugineus*
(Bull. champ. t. 514, f. 12, *excl. syn.*).

Sous les feuilles de l'*Alnus glutinosa*.
Bords du Loir. — Juin 1865.

ERINEUM PYRINUM (Pers. disp. t. 3, f. 1).

Sous les feuilles du poirier sauvage, à Villemore, près Châteaudun ! — Juin 1865. — Sur les poiriers cultivés.

** URÉDINÉES.

ŒCIDIUM (Pers.).

ŒCIDIUM CANCELLATUM (Pers. syn. fung. 205). — *Rœstelia can-
cellata* (Rebent.)

Sous les feuilles du poirier cultivé.

ŒCIDIUM PINI (Pers. in Gmel. syst. nat. 1473). — *Peridermium
pini* (Linck.).

Sur l'écorce et les feuilles du *Pinus pinaster*, dans les bois de
Saint-Martin, près Châteaudun ! — Mars 1866.

OEcidium ranunculacearum (D. C.. fl. fr., II, p. 596).

Sous les feuilles et sur les tiges du *Caltha palustris*, dans les marais de la Conie !

OEcidium evonymi (Gmel. syst., p. 1473). — *OEc. crassum* (Pers. syn. 208. — D. C. fl. fr., n° 658).

Sur les feuilles, et les fleurs du *Rhamnus frangula*. — Sur les feuilles, les pédoncules et les tiges de l'*Evonymus europæus*, à Valainville, près Châteaudun ! — Mai 1865.

OEcidium ficariæ (Pers. obs. myc.) — *OEc. confertum* α *Ficariæ* (D. C., fl. fr., n° 659).

Sous les feuilles du *Ficaria ranunculoides !*

OEcidium asperifolii (Pers. syn. 208).

Sous les feuilles et sur les calices du *Lycopsis arvensis*.

OEcidium rubellum (Gmel. syn. 1473). — *OEc. rubellum*, α *Rumicis aquatici* (D. C., fl. fr., n° 650). — *OEc. rumicis* (Hoff. germ., II, tab. 2, fig. 2). — *OEc. rumicis* α (Pers. syn. 207).

Sur les feuilles des *Rumex*.

OEcidium euphorbiarum (D. C., fl. fr., V, p. 91).

Sous les feuilles de l'*Euphorbia cyparissias*.

OEcidium periclymeni (D. C., fl. fr., II, p. 597).

Sur les feuilles du *Lonicera periclymenum*, dans les bois de la Varenne, près Châteaudun ! — Avril 1865.

OEcidium violarum (D. C., fl. fr., II, p. 240).

Sur les feuilles, les pétioles et les tiges des violettes.

OEcidium leucospermum (D. C., fl. fr., n° 642). — *OEc. anemones* (Pers. syn. 212).

Sous les feuilles de l'*Anemone nemorosa*.

OEcidium orobi (D. C. fl. fr., V, n° 657 *bis*).

β *Orobi verni.* — Sur les feuilles et les tiges de l'*Orobus vernus*, dans les bois de Saint-Martin, près Châteaudun ! Mai 1865.

OEcidium peltigeræ (D. C., fl. fr., n° 639).

Sur le thallus du *Peltigera canina*, à la Sablonnière, près Châteaudun ! — Mars 1866.

CRONARTIUM (Fic. et Schub.).

Cronartium vincetoxici (Fic. et Schub.).

Sous les feuilles du *Vincetoxicum officinale*.

RR. — Bords de l'Yerre, près de la ferme du Carreau ! (Coudray *teste* Vuez).

UREDO (Pers.).

Uredo evonymi (Mart.).

Sur les feuilles, les tiges et les pédoncules de l'*Evonymus europæus*, à la Garenne de Molitard, près Châteaudun !

Uredo potentillarum (D. C., fl. fr., V, n° 621).

α *Potentillæ vernæ.*
Sur le *Potentilla verna.*

γ *Poterii sanguisorbæ.* — *U. poterii* (Spreng. syst. veg., IV, 576).
Sur les tiges et sur les feuilles du *Poterium sanguisorba*, à la Boissière, près Châteaudun ! — Juillet 1865.

δ *Potentilla fragariastri.*
Sur les feuilles du *Potentilla fragariastrum*, dans le bois des Gâts, près Châteaudun ! — Juillet 1865.

ζ *Agrimoniæ eupatoriæ.*
Sous les feuilles de l'*Agrimonia eupatoria !* — Juillet 1865.

Uredo cynapii (D. C., fl. fr.).

Sur les feuilles et les tiges de l'*Anthriscus sylvestris*.

Uredo angelicæ (L. Vuez, *inéd.*).

Sur l'*Angelica sylvestris*, dans la vallée de l'Aigre !

Uredo gentianæ (D. C., fl. fr.).

Sur le *Gentiana pneumonanthe*, dans la vallée de l'Aigre !

Uredo rumicum (D. C., fl. fr., V, 65).

Sur les deux faces des feuilles du *Rumex hydrolapathum*.

Uredo rubigo-vera (D. C., fl. fr.).

Sur les graminées.

Uredo linearis (Pers. syn. 216 *a*).

Sur les feuilles des graminées.

Uredo cichoracearum (D. C., fl. fr.).

Sur les deux faces des feuilles des *Taraxacum dens-Leonis*, *Lampsana communis*, *Hieracium* et *Lappa*.

Uredo menthæ (Pers. syn. 220). — *U. labiatarum*, α *mentha-rum* (D. C., fl. fr., V, n° 609 *g*).

Sous les feuilles du *Mentha aquatica*.

Uredo lychnidearum (Desmz.).

Sur le *Lychnis dioica*.

Uredo fabæ (Pers. tent. disp. fung. 13).

Sur les *Trifolium incarnatum* et *arvense*, *Onobrychis sativa*, *Lathyrus pratensis*, *Ononis spinosa*.

β *Viciæ sativæ* (D. C., fl. fr., V, n° 609 *a*).

Sur les feuilles du *Vicia sativa*.

Uredo galii (Duby bot. gall.).

Sur les feuilles du *Galium cruciatum*.

Uredo suaveolens (Pers. syn. 221 et Obs. myc. 2, p. 24).

Sous les feuilles du *Serratula arvensis !* aux environs de Châteaudun. — Mai 1865.

Uredo ulmariæ (Grev. ann. sc. nat.).

Sous les feuilles du *Spiræa ulmaria.*

Uredo appendiculata (Pers. obs. myc.).

α *Phaseolorum.* — Sur les haricots.

β *Pisi.* — Sur les pois.

Uredo tussilaginis (Pers. syn.).

Sous les feuilles du *Tussilago farfara,* à Villemore, près Châteaudun ! — Juin 1865.

Uredo pinguis (D. C., fl. fr.).

Sur les feuilles et les calices du *Rosa arvensis.*

Uredo campanulæ (Pers. syn. 117). — *U. rubigo* α *Campanularum* (D. C., fl. fr., II, n° 827).

Sous les feuilles du *Campanula trachelium* , à la Boissière, près Châteaudun ! — Août 1865.

Uredo sonchi (Pers. syn. 217).

Sous les feuilles et sur les tiges des *Sonchus oleraceus* et *arvensis.*

Uredo rhinanthacearum (D. C., fl. fr.).

Sur les *Rhinanthus minor, Melampyrum arvense* et *pratense, Euphrasia officinalis* et *odontites.*

Uredo ruborum (D. C., fl. fr.).

Sur les feuilles des *Rubus.*

Uredo rosæ (Pers. syn. 215).

Sous les feuilles des rosiers cultivés.

Uredo miniata (Pers. syn.).

Sous les feuilles des églantiers.

Uredo longicapsula (D. C., fl. fr. suppl.).

    α *Populina.* — *U. populina* α (Pers. syn. 219). — Sur les feuilles du peuplier.

    β *Betulina.* — *U. populina* β. (Pers. *loc. cit.*). — Sous les feuilles du bouleau, dans le bois des Coudreaux, près Châteaudun! — Octobre 1865.

Uredo euphorbiæ (Rebent. neom. 354). — *U. helioscopiæ* (D. C., fl. fr., II, 282).

Sous les feuilles des *Euphorbia helioscopia, cyparissias* et *dulcis.*

Uredo filaginis (L. Vuez, *inéd.*).

Sous les feuilles des *Filago*, aux environs de Châteaudun!

Uredo phragmitis (Schum.).

Sur les feuilles de l'*Arundo phragmites.*

Uredo pruni-spinosæ (D. C., fl. fr.).

Sur les feuilles du *Prunus spinosa.*

Uredo caprearum (D. C. syn. 48).

Sous les feuilles du *Salix capræa* et des espèces voisines.

Uredo salicis (D. C., fl. fr., II, p. 231).

Sur les jeunes branches et sur les feuilles du *Salix triandra.*

Uredo candida (Pers. syn. 223). — *U. cruciferarum,* α *Erysimi barbareæ* (D. C., fl. fr., n° 636).

Sur les feuilles du *Barbarea stricta,* dans les bois de Saint-Martin, près Châteaudun! — Septembre 1865.

    γ *Thlaspeos* (Pers. syn. 223). — *U. cruciferarum* γ *Thlaspeos* (D. C., fl. fr., II, p. 596).

      Sur le *Capsella Bursa-pastoris.*

Uredo senecionis (D. C., fl. fr., no 620).

Sous les feuilles des *Senecio vulgaris* et *viscosus*.

Uredo punctata (D. C., fl. fr., II, no 235).

Sous les feuilles de l'*Euphorbia sylvatica*, à Villemore, près Châteaudun ! — Juillet 1865.

Uredo trifolii (D. C., enc. bot. 8, no 223). — *Puccinia* (Hedw., fil. fung. inéd., tab. 18).

Sur les feuilles des *Trifolium arvense* et *incarnatum*.

Uredo geranii (D. C., fl. fr., V, p. 73).

Sous les feuilles et sur les tiges des *Geranium rotundifolium* et *dissectum*.

Uredo caricina (D. C., fl. fr., V, no 623 c). — *U. caricis* (Schl. cent. exs., no 92).

Sous les feuilles des *Carex*, à Marboué, près Châteaudun ! Septembre 1865.

Uredo carbo (D. C., fl. fr.).

Sur les céréales.

Uredo longissima (Sowb, fung. tab. 139).

Sur les feuilles du *Poa aquatica*.

Uredo oblongata (Grev. crypt., fl. 1, tab. 12).

Sous les feuilles de la luzerne.

Uredo olivacea (D. C., fl. fr.).

Sur les épis mûrs du *Carex riparia*, aux environs de Châteaudun ! — Juin 1866.

Uredo ranunculacearum (D. C., fl. fr. V, 85).

Sur les feuilles de l'*Anemone nemorosa* et du *Ranunculus acris*.

Uredo polygonorum (D. C., fl. fr., V, 71).

Sous les feuilles du *Polygonum convolvulus*.

γ *Polygoni amphibii*. — Sur et sous les feuilles du *Polygonum amphibium*.

δ *Polygoni avicularis*. — (D. C., fl. fr., V, n° 609 *e*). — (Alb. Schw., n° 358.).

Sur les feuilles du *Polygonum aviculare*.

PUCCINIA (Pers.).

Puccinia fragariastri (D. C., fl. fr., V, n° 582 *c*).

Sous les feuilles du *Potentilla fragariastrum*, mélé avec l'*Uredo potentillarum* δ.

Puccinia buxi (D. C., fl. fr , V, 60 .

Sous et quelquefois sur les feuilles du buis.

Puccinia glechomæ (D. C., fl. fr., V, n° 585 *b*). — *P. affinis* (Hedw. fil. fung. inéd., tab. 9). — *Dicæoma verrucosum* (Nees.).

Sous les feuilles du *Glechoma hederacea*.

Puccinia menthæ (Pers. syn. fung., 227).

Sous les feuilles du *Mentha rotundifolia*, dans la ruelle des Prés, à Châteaudun ! — Novembre 1865.

Puccinia gentianæ (D. C., fl. fr.).

Sur le *Gentiana pneumonanthe*, à la Ferté-Villeneuil !

Puccinia graminis (Pers. syn. 228).

Sur les graminées et les céréales.

Puccinia arundinacea (Hedw. fil. fung. inéd., tab. 7). — *P. graminis* β (D. C., fl. fr., V, p. 59).

Sur les feuilles et les glumes de l'*Arundo phragmites*.

Puccinia polygoni-convolvuli (D. C., fl. fr., V, 61).

Sur les tiges du *Polygonum convolvulus*.

Puccinia compositarum (Schlecht. berol., II, 133).

Sous les feuilles du *Lappa communis* et du *Serratula arvensis*, à la Boissière, près Châteaudun ! — Juillet 1865.

Puccinia umbelliferarum (D. C., fl. fr.).

Sur les *Anthriscus, Angelica* et *Conium*.

Puccinia vaillantiæ (Pers. syn. 107). — *P. galii-cruciati* (Duby, bot. gall., 890).

Sous les feuilles du *Galium cruciatum*.

Puccinia pruni (D. C., fl. fr., II, n° 594). — *P. pruni spinosa* (Pers. syn. fung., n° 226). — *P. gemella* (Hedw., fil. fung. inéd., tab. 10).

Sous les feuilles du *Prunus spinosa* et des pruniers cultivés.

Puccinia anemones (Pers. obs. myc., II, tab. 6).

Sous les feuilles de l'*Anemone nemorosa*.

Puccinia liliacearum (Dub. bot. gall.).

Sur le *Muscari comosum*, aux environs de Châteaudun ! (Coudray, *teste* L. Vuez).

Puccinia violæ (D. C., fl. fr.).

Sur les *Viola hirta* et *tricolor*.

Puccinia caricis (D. C., fl. fr., V, 60).

Sous les feuilles de divers *Carex*.

Puccinia scirpi (Pers. syn. fung., 223).

Sur les feuilles du *Scirpus lacustris*. — Bords du Loir, à Châteaudun ! — Septembre 1865.

Puccinia junci (Desmz.).

Sur le *Juncus acutiflorus*, à Deury, près Châteaudun ! — Septembre 1865. — Sur le *Juncus articulatus*, dans les marais de la Conie et de l'Aigre !

TRIPHRAGMIUM (Linck.).

Triphragmium ulmariæ (Linck. sp. pl., VI, 2, p. 84). — *Puccinia ulmariæ* (D. C., fl. fr., V, 56).

Sous les feuilles du *Spiræa ulmaria*.

Triphragmium isopyri (L. Vuez, *inéd.*).

Les cæspitules sont ovales, allongés, noirs, diffluents. Les sporanges sont de la même forme et de la même grosseur que ceux du *Tr. ulmariæ*, mais ils sont plus longuement pédicellés, et les tubercules qui recouvrent les spores sont beaucoup plus prononcés.

Sur les feuilles et les pétioles de l'*Isopyrum thalictroides*, dans les bois de Saint-Martin, près Châteaudun ! — Mai 1865.

PHRAGMIDIUM (Linck.).

Phragmidium incrassatum (Linck, sp. pl., VI, 2, p. 84).

α *Mucronatum.* — *Puccinia rosæ* (D. C., fl. fr., II, n° 581). — *Puccinia mucronata rosæ* (Pers. syn. 230). — *Puccinia mucronata* (Hedw. fil. fung. inéd., tab. 4).
Sous les feuilles des rosiers.

β *Bulbosum.* — *Puccinia rubi* (Schum.).
Sur les feuilles des *Rubus*.

Phragmidium obtusum (Schm. et Kunz., exsicc., n° 20). — *Puccinia potentillæ* (Pers. syn. 229). — *Puccinia fragariastri* (D. C., fl. fr., V, n° 582 c).

Sous les feuilles des *Potentilla verna* et *fragariastrum*, dans le bois des Gâts et à Villemore, près Châteaudun !
Juillet 1865 et février 1866.

NÆMASPORA (Pers.).

NÆMASPORA CROCEA (Pers. syn. fung.).

Sur l'écorce du hêtre.

LIBERTELLA (Desmz.).

LIBERTELLA BETULINA (Desmz.).

Sur les écorces du bouleau et du charme.

MELANCONIUM (Linck, sp. pl.).

MELANCONIUM SPHÆROSPERMUM (Linck, *loc. cit.*). — *Stilbospora* (Pers., obs. myc. 1, tab. 7).

Sur les chaumes secs de roseaux, à Moléans! — Mars 1866.

MELANCONIUM SPHÆROÏDEUM (Linck, *loc. cit.*).

Sur les rameaux morts des *Salix*.

EXOSPORIUM (Linck).

EXOSPORIUM . . . . . (Espèce indéterminée.)

Sur les feuilles mortes d'un if, dans le parc du château de Courtalain! — Janvier 1866.

FUSARIUM (Linck).

FUSARIUM ROSEUM (Linck, obs. 1, p. 8).

Sur les chaumes de roseaux secs, à Moléans! — Mars 1866. — Sur les tiges mortes du ricin, dans un jardin à Châteaudun! Février 1866.

*** LYCOPERDACÉES.

SCLEROTIUM (Pers.).

SCLEROTIUM CLAVUS (D. C., fl. fr.).

Sur toutes les parties du seigle.

SCLEROTIUM. . . . . *species* an *clavus?*

Sur le *Scirpus bæothryon*, à l'étang de Bapaume, près Châteaudun !

ERYSIPHE (Linck).

ERYSIPHE LINCKII (Lév. ann., sc. nat. 1851).

ε *Antirrhini orontii.* — Sur l'*Antirrhinum orontium.*

ERYSIPHE LAMPROCARPA (Lév., *loc. cit.*).

D. *Galeopsidis.* — *E. Galeopsidis* (D. C., fl. fr.)
Sur les deux faces des feuilles du *Galeopsis tetrahit,* à Marboué ! — Septembre 1865.

E. *Plantaginis.* — Sur les feuilles du *Plantago major,* à Marboué ! — Août 1865.

ERYSIPHE MARTII (Lév., *loc. cit.*).

E. *Umbelliferarum.* — *E. Heraclei* (D. C., fl. fr., n° 735).
Sur les deux faces des feuilles de l'*Heracleum spondylium.*

F. *Convolvuli.* — Sur le *Convolvulus sepium.*

H. *Urticæ dioicæ.* — Sur les deux faces des feuilles de l'*Urtica dioica.*

ERYSIPHE MONTAGNEI (Lév., *loc. cit.*).

A. *Arctii Lappæ.* — Sur les deux faces des feuilles du *Lappa communis.* — Bois des Coudreaux, près Châteaudun ! Octobre 1865.

ERYSIPHE TORTILIS (Lév., *loc. cit.*).

Sous les feuilles du *Cornus sanguinea.*
Bois des Gâts, près Châteaudun ! — Novembre 1865.

ERYSIPHE TRIDACTYLA (Desmz.).

Sur les feuilles du *Prunus spinosa.*

ERYSIPHE HORRIDULA (Lév., *loc. cit.*).

Sur les feuilles du *Symphytum officinale* et de l'*Echium vulgare.*

ERYSIPHE COMMUNIS (Lév., *loc. cit.*).

A. *Ranunculacearum.* — *E. aquilegiæ* (D. C., fl. fr., suppl., n° 734 *b*).

Sous les feuilles et sur les pétioles du *Ranunculus acris* et de l'*Aquilegia vulgaris.*
Bois des Gâts, près Châteaudun ! — Octobre 1865.

D. *Leguminosarum.* — Sur les feuilles de l'*Ononis arvensis.*

F. *Scabiosæ.* — Sur les deux faces du *Scabiosa succisa*, dans les bois de Moléans !

G. *Convolvuli-arvensis.* — *E. convolvuli* (D. C., fl. fr., II, n° 736).

Sur les deux faces des feuilles du *Convolvulus arvensis.*

1. *Rumicis acetosellæ.* — *E. polygonorum* (D. C., fl. fr., II, n° 273).

Sur les deux faces des feuilles du *Rumex acetosella*, à la Sablonnière, près Châteaudun ! — Juillet 1865. Sur celles du *Polygonum aviculare*, à la Boissière ! — Août 1865.

UNCINULA (Lév., ann. sc. nat., 1851).

UNCINULA BICORNIS (Lév., *loc. cit.*).

A. *Acerarum.* — *Erysiphe aceris* (D. C., fl. fr., V, 104). — *E. bicornis* (Linck, sp. pl., VI, p. 112).

Sur les deux faces des feuilles de l'*Acer campestre.*
Au Gué-Vaslin, près Châteaudun !

CALOCLADIA (Lév., ann. sc. nat., 1851.).

Calocladia Hedwigii (Lév., *loc. cit.*).

Sur les deux faces des feuilles du *Viburnum lantana !*

Calocladia grossulariæ (Lév., *loc. cit.*).

Sur les feuilles du *Ribes uva-crispa !*

Calocladia penicillata (Lév., *loc. cit.*).

C. *Viburni opuli.* — Sur le *Viburnum opulus,* dans le bois des Coudreaux, près Châteaudun !

Calocladia Mougeoti (Lév., *loc. cit.*).

Sur le *Lycium barbarum,* aux environs de Châteaudun !

SPHÆROTHECA (Lév., ann. sc. nat., 1851.).

Sphærotheca pannosa (Lév., *loc. cit.*). — *Erysiphe pannosa* (Linck., sp. 4, p. 104).

Sur les jeunes tiges des rosiers.

Sphærotheca castagnei (Lév., *loc. cit.*).

C. *Spiræx ulmariæ.* — Sous les feuilles du *Spiræa ulmaria.*

D. *Potentillarum.* — Sous les feuilles du *Potentilla anse-rina.*

G. *Cichoracearum.* — *Erysiphe Cichoracearum* (D. C., fl. fr., II, 274).

Sous les feuilles du *Taraxacum dens-leonis.*

I. *Humuli lupuli.* — *Erysiphe Humuli* (D. C., fl. fr., V, 106).

Sur toutes les parties de l'*Humulus lupulus.*

PHYLLACTINIA (Lév., ann. sc. nat., 1851).

Phyllactinia guttata (Lév., *loc. cit.*).

G. *Fraxini excelsioris.* — *Erysiphe fraxini* (D. C., fl. fr., II, p. 273). — *E. guttata* (Duby, bot. gall.).
Sous les feuilles mourantes du fresne, à Marboué ! Septembre 1865.

K. *Alni glutinosæ.* — Sous les feuilles de l'*Alnus glutinosa.*

O. *Coryli avellanæ.* — *Erysiphe coryli* (D. C., fl. fr., II, p. 276).
Sous les feuilles du *Corylus avellana*, à Marboué ! Septembre 1865.

P. *Carpini betulæ.* — Charmilles de Nermont, près Châteaudun !

RHIZOMORPHA (Achar.)

Rhizomorpha intestinalis (D. C., fl. fr.).
Dans l'intérieur des arbres pourris.

CYATHUS (Pers.).

Cyathus crucibulum (Pers.).
Sur les troncs pourris, dans les bois de Villemore, près Châteaudun !

SPUMARIA (D. C., fl. fr.).

Spumaria alba (D. C., *loc. cit.*).
Sur les feuilles des herbes sèches.

FULIGO (Pers.).

Fuligo rufa (Pers.).
Sur les planches pourries.

LICEA (Pers. syn. 196).

Licea circumcissa (Pers., *loc. cit.*). — *Sphærocarpus sessilis* (Bull. champ., tab. 417, f. 5).

Sur l'écorce d'un peuplier mort.

TRICHIA (Pers. obs. myc., p. 61).

Trichia ovata (Pers., *loc. cit.*). — *Clathrus turbinatus* (Bolt. fung., tab. 94, f. 3, *non* D. C.).

Sur un tronc pourri, à la Boissière, près Châteaudun! Novembre 1865.

ARCYRIA (Pers. disp. fung., p. 10).

Arcyria punicea (Pers., *loc. cit.*). — *Trichia cinnabarina* (Bull. champ., tab. 601, f. 1 *b c*).

Sur un tronc pourri, à la Boissière, près Châteaudun! Novembre 1865.

TULOSTOMA (Pers. disp. fung. 2).

Tulostoma brumale (Pers., *loc. cit.*). — *Lycoperdon pedunculatum* (Linn. spec. 1654).

Gazons des terrains sablonneux, à la Boissière, près Châteaudun! — Janvier 1866.

GEASTRUM (Pers. disp. fung. 2).

Geastrum hygrometricum (Pers., *loc. cit.*).

Pelouses sablonneuses des bois des Gâts et de Saint-Martin, près Châteaudun. !

**** CHAMPIGNONS PROPREMENT DITS.

PHALLUS (Linn.).

PHALLUS ESCULENTUS (Linn.). — Bull. champ., tab. 218.
Nom pop. : *Morille*.
AC. — Dans les bois. — Avril, mai.

PHALLUS IMPUDICUS (Linn.). — Bull. champ., tab. 182.
Nom pop. : *Morille impudique*.

Cette espèce n'a pas encore été rencontrée dans nos contrées; mais elle est assez abondante dans les bois près de Vendôme (Loir-et-Cher), localité peu éloignée d'Eure-et-Loir.

AGARICUS (Pers.).

AGARICUS SOLITARIUS (Bull. champ.).
Sous les arbres, à la Varenne, près Châteaudun !

AGARICUS BULBOSUS (D. C.)

α *Albus.* } Dans les bois.
β *Viridis.* }

AGARICUS MUSCARIUS (Linn.).
Commun dans les bois.

AGARICUS PROCERUS (Pers.).
Pelouses des bois.

AGARICUS CRUSTULINIFORMIS (Bull. champ.).
Pelouses des bois.

AGARICUS CAMPESTRIS (Pers.).
Dans les pâturages.

AGARICUS PIPERATUS (Scop.).

Dans les bois.

CANTHARELLUS (Fries).

CANTHARELLUS CIBARIUS (Fries).

Dans les bois.

CANTHARELLUS CORNUCOPIOIDES (Fries).

Dans le bois des Gâts, près Châteaudun !

DÆDALEA (Pers. disp. fung.).

DÆDALEA GIBBOSA (Pers. *loc. cit.*).

Sur une poutre pourrie, à Molitard, près Châteaudun
Février 1866.

POLYPORUS (Pers.).

POLYPORUS POMACEUS (Pers.).

Sur les pommiers.

POLYPORUS FOMENTARIUS (Fries).

Sur les pruniers et les peupliers.

POLYPORUS LUCIDUS (Fries).

Sur le tronc des chênes.

BOLETUS (Linn.).

BOLETUS ÆREUS (Bull. champ., tab. 385).

Dans les bois. — Septembre, octobre.

BOLETUS CYANESCENS (Bull., *loc. cit.*, tab. 369).

Dans les bois. — Juillet, août.

Boletus aurantiacus (Bull., *loc. cit.*, tab. 236).

Nom pop. : *Gyrole rouge*.

Assez commun sur la terre, dans les bois, en automne.

Boletus edulis (Bull., *loc. cit.*, tab. 494 et 60). — *Fungus porosus magnus crassus* (Vaill., bot. par., p. 58).

Noms pop. : *Cèpe, Gyrole, Bruguet*.
Assez commun dans la forêt de Châteauneuf !
Septembre, octobre.

Boletus tuberosus (Bull., *loc. cit.*, tab. 100).

Dans les bois, en août et septembre.

Boletus communis (Bull., *loc. cit.*, tab. 393).

Assez fréquent dans les bois humides. — Juin, novembre.

Boletus versicolor (Bull., *loc. cit.*, tab. 86). — (Linn. sp. 1645).
— Schæff., t. III, tab. 268).

Commun dans toutes les saisons, sur le tronc des vieux arbres, sur les pieux et sur les vieilles pièces de charpente.

THELEPHORA (D. C., fl. fr.).

Thelephora muscigena (D. C., *loc. cit.*).

Sur les mousses, dans les bois.

Thelephora cærulea (D. C., *loc. cit.*).

Sur les planches pourries.

Thelephora Persooni (D. C., fl. fr., n° 280). — *Th. ferruginea* (Pers. syn. 578 *non* D. C. *nec* Bull.). — *Corticium ferrugineum* (Pers. obs. myc. 2, p. 18).

Sous une planche pourrie, à Valainville, près Châteaudun !
Juin 1866.

MERISMA (Pers.).

MERISMA CRISTATUM (Pers.).
Sur les mousses.

CLAVARIA (Pers.).

CLAVARIA CORALLOIDES (Linn.).
Bois des Gâts, près Châteaudun !

CLAVARIA FLAVA (Pers.).
Bois de la Roche, près Saint-Denis-les-Ponts !

MORCHELLA (Pers.)

MORCHELLA ESCULENTA (Pers.).
Pelouses des bois.

FISTULINA (Bull. champ.).

FISTULINA BUGLOSSOIDES (Bull., *loc. cit.*, tab. 464 et 497). — *Boletus hepaticus* (Schæff. fung., tom. II, tab. 116, 117, 118, 119 et 120).

Nom pop. : *Langue de bœuf.*
Bois de Villemore, près Châteaudun !

PEZIZA (Linn.).

PEZIZA EPIDENDRA (Bull. champ., tab. 467, fig. 3).
Sur le tronc des vieux arbres.

PEZIZA SCUTELLATA (Linn. sp. 1651). — Bull. champ., tab. 10.
Sur les vieilles souches pourries.

Peziza stercoraria (Bull., *loc. cit.*, tab. 376, fig. I et tab. 438, fig. IV).

Sur les bouses de vaches.

Peziza fructigena (Bull., *loc. cit.*, tab. 228).

Commun sur les fruits tombés du chêne et du châtaignier.

Peziza nigra (Bull., *loc. cit.*, tab. 460).

Sur les arbres morts, le bois à brûler et les vieilles pièces de charpente.

TREMELLA (Pers.)

Tremella sarcoides (With.).

Sur une poutre pourrie, à Châteaudun !

Tremella mesenterica (Retz.).

Sur le bois pourri.

HYMENELLA (Fries).

Hymenella umbilicata (Fries).

Sur les tiges mortes de l'*Angelica sylvestris*, à Marboué !

EXIDIA (Fries).

Exidia glandulosa (Fries).

Sur des rameaux morts, à Châteaudun ! et à Courtalain !

DACRYMYCES (Fries, syst. myc.).

Dacrymyces urticæ (Fries, *loc. cit.* 2, p. 228). — *Tremella urticæ* (Pers. syn. 628).

Sur les tiges mortes de l'*Urtica dioïca*.

^{١٧٤٤} HYPOXYLÉES.

CEUTHOSPORA (Grev., crypt., fl.).

CEUTHOSPORA PHACIDIOIDES (Grev. *loc. cit.*, tab. 253). — *Xyloma multivalve* (D. C. fl. fr., II, p. 303).

Sur les feuilles mortes du houx, dans le bois des Gâts, près Châteaudun! — Mars 1865.

CYTISPORA (Fries, syst. myc.).

CYTISPORA CHRYSOSPERMA (Fries, *loc. cit.*).

Sur des branches mortes de peupliers, à Cloyes! — Mai 1866.

HYSTERIUM (Fries, syst. myc.).

HYSTERIUM FOLIICOLUM (Fries, *loc. cit.*, p. 592). — *Hypoderma xylomoïdes* (D. C., fl. fr., V, p. 164).

Sur les feuilles mortes de l'*Hedera helix* et du *Cratægus oxyacantha*, dans le bois des Gâts, près Châteaudun! — Mars 1866.

HYSTERIUM PINASTRI (Schrad., journ. 2, tab. 3). — *Hypoderma pinastri* (D. C., fl. fr., 2, n° 823). — *Lophodermum pinastri* (Chev., fl. par., 1, n° 436).

   α *Juniperi*. — Sur des feuilles mortes de sapin, dans le bois de Saint-Martin, près Châteaudun! — Mai 1865.

   β *Abietis*. — Sur des feuilles mortes de sapin, dans le bois de Saint-Martin, près Châteaudun! — Mai 1865.

   γ *Limitatum* (Pers.). — Sur les feuilles du *Pinus sylvestris*, dans le bois des Gâts, près Châteaudun !
   Décembre 1865.

HYSTERIUM CULMIGENUM (Fries, obs. myc., II, tab. 7, fig. 3).

Sur le chaume des graminées.

Hysterium pulicare (Pers. syn. fung.).

Sur les écorces de divers bois.

EUSTEGIA (Chev., fl. par.).

Eustegia ilicis (Chev. *loc. cit.*, I, n° 443). — *Sphæria complanata ilicis* (Moug., Nestl. exs., n° 82).

Sur les feuilles mortes du houx, dans le bois des Gâts, près Châteaudun ! — Mars 1865.

DOTHIDEA (Fries, syst. vég.).

Dothidea Robertiani (Fries, *loc. cit.*, I, 363).

Sur les feuilles des *Geranium molle*, *rotundifolium* et *Robertianum*.

SPHÆRIA (Pers. syn. fung.).

Sphæria lichenoïdes (D. C., fl. fr., V, n° 807).

β *Castaneæcola.* — *Lichen castanearius* (Lamk., dict., III, 471).

Sur les feuilles mortes du châtaignier.

γ *Chelidoniæcola.* — Sur les feuilles du *Chelidonium majus.*

δ *Geicola.* — Sur les feuilles du *Geum urbanum.*

ε *Hederæcola.* — Sur les feuilles du lierre.

ι *Betæcola.* — Sur un *Chenopodium*, aux environs de Châteaudun !

ο *Convolvulicola.* — Sur les *Convolvulus.*

Sphæria hederæcola (Fries, syst. myc., II, 528).

Sur les feuilles mortes du lierre.

Sphæria carpini (Hoffm., vég. crypt. I, tab. I, fig. I). — *S. spiculosa* (Batsch, El. fung., p. 273). — *S. fimbriata α carpini* (Pers. syn. 36).

Sur les feuilles mortes du charme, dans le bois de Villemore, près Châteaudun! — Février 1865.

SPHÆRIA SANGUINEA (Sibth. ox., p. 404). — *Hypoxylon phæniceum* (Bull. champ., tab. 171).

Sur le bois mort et les écorces.

SPHÆRIA GRAMINIS (Pers. syn. fung.).

Sur les feuilles vivantes des graminées.

SPHÆRIA SPINOSA (Pers. syn., p. 36).

Sur le bois mort.

SPHÆRIA TRICHOSTOMA (Fries, obs. myc.).

Sur les chaumes.

SPHÆRIA COMPLANATA (Tode, meckl., 2, tab. 2).

Sur les tiges mortes des herbes.

SPHÆRIA CONFLUENS (D. C., fl. fr., II, n° 796).

Sur le bois carié des saules.

SPHÆRIA RUBELLA (Pers. syn., p. 63). — *S. porphyrogona* (Tode, meckl., tab. 9., f. 62).

Sur les tiges mortes de l'*Urtica dioïca*.

SPHÆRIA ACUTA (Hoffm. vég. crypt., 1, p. 22).

Sur les tiges mortes de l'*Urtica dioïca*.

SPHÆRIA HYPOXYLON (Ehrh. exs. 150). — *Clavaria hypoxylon* (Linn. sp. 1652). — *Clavaria cornuta* (Bull. champ., tab. 194).

Sur les pieux et les troncs pourris.

SPHÆRIA YUCCÆ (Fries, obs. myc.).

Sur les feuilles d'un *Yucca*, dans un jardin, à Châteaudun! Mars 1866.

Sphæria hypophylla (Reb.).

Sur les feuilles de poirier attaquées par l'*OEcidium cancellatum !*

Sphæria concentrica (Funk).

Cette espèce s'est développée abondamment à Châteaudun, il y a quelques années, sur des tilleuls atteints par le feu lors de l'incendie du Mail. — Elle a été déterminée par M. Montagne.

Famille des ALGUES.

OSCILLARIA (Vauch. hist. conf.).

Oscillaria nigra (Vauch., *loc. cit.*).

Flaques d'eau des bords de la Conie !

CONFERVA (Linn.).

Conferva glomerata (Linn.).

Sur les pierres, dans le Loir, à Châteaudun !

Conferva parasitica (D. C.).

Parasite sur l'espèce précédente.

Conferva crispata (Roth.).

Dans le Loir, à Châteaudun !

DRAPARNALDIA (Agardh).

Draparnaldia plumosa (Agardh).

Sur les plantes, dans les ruisseaux.

MICROCYSTIS (Menegh. nostoch.).

MICROCYSTIS RUPESTRIS (Menegh. *loc. cit.*, p. 72, tab. 9, fig. 1).
— *Gleocapsa polydermatica* (Rabenh. alg., n° 173).

Sur les rochers humides, au Croc-Marbot, près Châteaudun !
Octobre 1865.

SCYTONEMA (Kutz. in bot. Zeit.).

SCYTONEMA CLAVATUM (Kutz., *loc. cit.* 1847) ?

Sur les rochers de craie, enveloppant les mousses. — Bois
des Gâts, près Châteaudun. — Décembre 1864.

APHANOTHECE (Wartm., schw., krypt.).

APHANOTHECE NAGELII (Wartm. *loc. cit.*, n° 36. — In Rabenh.
alg., n° 1093).

Sur les tuiles, parmi les mousses, sur un toit humide, au bas de
l'escalier Saint-Pierre, à Châteaudun. — Octobre 1865.

NOSTOC (Vauch. conf.).

NOSTOC COMMUNE (Vauch. conf., p. 223). — *Tremella nostoc*
(Linn., sp. 1625).

Sur la terre, au bord des chemins.

ZYGNEMA (Agardh., syn.).

ZYGNEMA INFLATUM (Agardh, syn. 100). — *Conjugata inflata*
(Vauch. conf., tab. 5, fig. 3).

Dans les fossés des routes, à Courtalain ! — Mars 1866.

Zygnema nitidum (Agardh, *loc. cit.*).

Dans les fossés du Loir, à Châteaudun !

Zygnema stellinum (Agardh, *loc. cit.*).

Dans les fossés du Loir, à Châteaudun !

Zygnema genuiflexum (Agardh, *loc. cit.*).

Dans les fossés du Loir, à Châteaudun !

VAUCHERIA (D. C., fl. fr.).

Vaucheria terrestris (D. C., *loc. cit.*, II, p. 62). — *Etosperma terrestris* (Vauch., conf. tab. 2, fig. 3).

Sur la terre, dans le bois des Gâts, près Châteaudun !
Mars 1866.

CHŒTOPHORA (Agardh, syn.).

Choetophora endiviaefolia (Agardh, *loc. cit.*).

Sur les pierres, dans le Loir, à Châteaudun !

BATRACHOSPERMUM (Roth, cat.).

Batrachospermum moniliforme (Roth, *loc. cit.*). — *Conferva gelatinosa* (Linn., sp. 1635).

Dans les eaux claires et rapides.
Lit de la Conie à Moléans ! — Mars 1866.

Nota. — Un grand nombre d'autres espèces de cette famille ont été observées par M. L. Vuez aux environs de Châteaudun : mais la difficulté de préparation, l'absence d'ouvrages spéciaux dans les bibliothèques départementales et le petit nombre de botanistes qui se livrent à cette étude, lui ont fait ajourner la continuation de ses recherches.

Parmi les espèces étudiées par ce consciencieux botaniste, nous citerons les suivantes :

Plusieurs *Chroococcus*, *Gleocapsa*, *Aphanocapsa*, *Gleothece* et *Polycoccus* observées dans la vase des marais, dans les suintements des rochers, sur les mousses, les lichens, etc.

Dans les eaux des fossés et des marais, divers *Leptothria* et *Hypheothria*, un grand nombre de *Phormidium* et d'*Oscillaires*, dont l'espèce la plus curieuse est un *Oscillaria* de forte taille, qui pullule sur un pot contenant un *Dracæna terminalis !* et l'*Oscillaria subtillissima* (Kutz.), très-difficile à observer à cause de son extrême petitesse. Le *Cylindrospermum flexuosum* (Rabenh.), et le *Limnactis minutula* (Kutz.) ont été également observés.

Enfin quelques *Diatomées*, parmi lesquelles les *Cocconema lanceolatum*, *Cocconeis pediculus*, *Synedra tenuis*, *Pleurosigma attenuatum*, *Diatoma mesodon*, *Fragilaria mutabilis*, des *Gomphonema*, *Asterionella*, *Tabellaria*, *Diatomella*, *Navicula*, *Meriodon*, etc., etc.

ADDENDA.

Page 18.

ANEMONE PULSATILLA, *ajoutez :*

Arrond. de Châteaudun : côteaux de Verdes ! (Coudray . *testc* L. Vuez).

Page 22.

RANUNCULUS CHOEROPHYLLOS, *ajoutez :*

Arrond. de Châteaudun : buttes de la Sablonnière !

Page 24.

ISOPYRUM THALICTROIDES, *ajoutez :*

Arrond. de Châteaudun : bois de Saint-Martin et de la Roche !

Page 26.

PAPAVER SOMNIFERUM, *ajoutez :*

Naturalisé dans les décombres, autour de Moléans et de Romilly-sur-Aigre !

Page 27.

CORYDALIS SOLIDA, *ajoutez :*

Arrond. de Châteaudun : bois de Villemore !

Page 32.

BARBAREA VULGARIS, β stricta, *ajoutez :*

Ruisseau de Saint-Martin, près Châteaudun !

Page 36.

DRABA MURALIS, *ajoutez :*

Talus de la route, près des Récolets, commune de la Chapelle-du-Noyer !

Page 40.

Après le Viola canina, *ajoutez* :

Viola stricta (Hornem).

Cette espèce croit abondamment dans les bois de Saint-Martin, près Châteaudun !

Page 41, 4ᵉ ligne, *ajoutez* :

Viola agrestis (Jord.).

Bruyères à Saint-Maur-sur-Loir, près Châteaudun !

Page 42.

Après le Polygala vulgaris, *ajoutez* :

β *Oxyptera* (Rchb.). — Cette variété, remarquable surtout par les capsules débordant les ailes de tous côtés, se rencontre assez fréquemment dans les bois autour de Châteaudun !

Page 44.

Silene gallica, *ajoutez* :

Arrond. de Châteaudun : plaine de Saint-Denis-les-Ponts ! (Coudray, *teste* L. Vuez).

Page 47, à la 6ᵉ ligne, *ajoutez* :

Sagina ciliata (Friès). — *S. patula* (Jord.) !

Abondant dans une jachère à Lanneray, près Châteaudun !

Page 47, après l'Alsine tenuifolia, *ajoutez* :

β *Viscidula*. — Plante couverte au sommet de poils glanduleux, calice égalant la capsule.

Mêlé au type, sur les murs, aux environs de Châteaudun ! (An *A. viscidula*, Thuill. ?).

Page 51, après l'Elatine paludosa, *ajoutez* :

Elatine alsinastrum (Linn.), *Elatine fausse-alsine*.

RR. — Bords d'une mare à 1 kil. environ de Châteaudun ! Juin, août. — ①.

Page 54.

Après le Geranium molle, *ajoutez* :

Geranium Pyrenaïcum (Linn.), *Géranium des Pyrénées*.

RR. — Dans les haies, autour de Châteaudun ! Mai, juin. — ♃.

Page 64.

Trifolium scabrum, *ajoutez :*

Buttes de la Sablonnière, près Châteaudun !

Page 64.

Trifolium glomeratum, *ajoutez :*

Buttes de la Sablonnière, près Châteaudun !

Page 80.

Isnardia palustris, *ajoutez :*

Bord d'un fossé, sous les Gâts, entre Châteaudun et Marboué !
(Coudray *teste* L. Vuez).

Page 82.

Après Callitriche aquatica, *ajoutez :*

Callitriche stagnalis (Scop.), *Callitrique des fanges.*
RR. — Marécages du Loir, à Douy, près Châteaudun !
Mai, juin. — ♃.

Page 94.

Sison amomum, *ajoutez :*

Abondant dans une haie, près la gare de Châteaudun ! (Coudray) et à la Varenne ! (L. Vuez).

Page 112.

Gnaphalium luteo-album, *ajoutez :*

Arrond. de Châteaudun : buttes de la Sablonnière !

Page 145.

Gratiola officinalis, *ajoutez :*

Commun dans le lit desséché de l'Yerre ! (Coudray, *teste* L. Vuez).

Page 160.

Teucrium scordium, *ajoutez :*

Commun dans le lit desséché de l'Yerre ! (Coudray, *teste* L. Vuez).

Page 191.

Après le Potamogeton natans, *ajoutez :*

Potamogeton fluitans (Roth.), *Potamot flottant.*
RR. — Assez commun dans l'Yerre ! (L. Vuez).
Juillet, octobre. — ♃.

Page 231.
Avant le genre POTTIA, *intercalez :*

SELIGERIA (Br. et Schimp., bry. eur.).

SELIGERIA CALCAREA (Br. et Sch., *loc. cit.*).
Sur la craie blanche, dans les vignes, à Mézières-en-Drouais !
(Dancret, *teste* Richard). — Janvier, février.

Page 273.
Avant le PUCCINIA LILIACEARUM, *ajoutez :*
PUCCINIA CLINOPODII (D. C., fl. fr.).
Sous les feuilles du *Clinopodium vulgare*, dans les bois, aux
environs de Cloyes ! (L. Vuez).

Page 281.
Après l'AGARICUS MUSCARIUS, *intercalez les espèces suivantes :*
AGARICUS EBURNEUS (Pers.).
Dans les bois secs, aux environs de Châteaudun !

AGARICUS ERICETORUM (Bull. champ.).
Dans les bruyères, à Cloyes !

Page 281.
Avant l'AGARICUS CAMPESTRIS, *intercalez :*
AGARICUS AMARUS (Bull., *loc. cit.*).
Dans les bois ombragés, sur les souches.

Page 284.
Après le genre CLAVARIA, *intercalez le suivant :*

GEOGLOSSUM (Pers. disp. fung.).

GEOGLOSSUM HIRSUTUM (Pers., *loc. cit.*).
Pâturages montueux humides, à Montigny-le-Gannelon ! (Coudray, *teste* L. Vuez).

Page 284.
Après le genre MORCHELLA, *intercalez le suivant :*

HELVELLA (Pers. disp. fung.).

HELVELLA LACUNOSA (Afzel.).
Dans les bois, à Cloyes et à Châteaudun ! (L. Vuez).

Page 284.

Après le genre Fistulina, *intercalez le suivant :*

HYDNUM (Linn. sp. pl. 1647).

Hydnum repandum (Linn., *loc. cit.*). — Bull. champ., tab. 172. — *Fungus erinaceus* (Vaill. bot. 58, tab. 14, fig. 6, 7 et 8). AC. — Sur la terre, dans les bois, en automne.

Page 291.

Après le genre Batrachospermum, *intercalez le suivant :*

RICCIA (Linn. sp. pl.).

Riccia natans (Linn., *loc. cit.*).

Sur les eaux stagnantes, parmi les *Lemna*, à Cloyes! (L. Vuez, n° 272). — Octobre 1866.

ERRATA.

Page 57, lignes 1 et 2.
Au lieu de : HELODES, *lisez :* ELODES.

Page 85, lignes 9 et 10.
Au lieu de : SCHLERANTHUS et *Schléranthe, lisez :* SCLERANTHUS et *Scléranthe.*

Page 113.
Supprimez : l'HELICHRYSUM ARENARIUM.
C'est par une erreur d'étiquette que cette plante a été indiquée à Châteaudun.
Le GNAPHALIUM LUTEO-ALBUM vient seul à la localité citée.

Page 118, ligne 18.
Au lieu de : Blainville, *lisez :* Blanville.

Page 119, ligne 20.
Au lieu de : CICHORIUM INTYCUS, *lisez :* CICHORIUM INTYBUS.

Page 120.
THRINCIA HIRTA.
Au lieu de RR., *lisez* CC.

Page 129, ligne 5.
Au lieu de : *Bruyère curieuse*, lisez : *Bruyère crieuse*

Page 130, 1re ligne.
Au lieu de : COLORIFLORES, *lisez :* COROLLIFLORES

TABLE

DES

NOMS POPULAIRES.

A

B

F

G

H

M

N

O

P

Q

R

S

T

V

Y

TABLE ALPHABÉTIQUE

DES FAMILLES.

TABLE GÉNÉRALE

DES MATIÈRES.

FIN.